THE

この本の最後に　　　　トライしよう！

COMPREHENSION
ASSES
EX

3

(1)	BM=	AG=
(2)	CP=	
(3)	$x=$	$y=$
(4)	$x=$	
(5)	$x=$	

4

(1)	
(2)	
(3)	

修了判定模試　解答用紙

1

(1)	①		②	
(2)	①		②	
(3)				
(4)				
(5)				

2

(1)	①		②	
(2)				
(3)				
(4)				

4 次の問いに答えよ。ただし, (1)・(2)は過程も含めて記述すること。

(⑴ 5 点, ⑵ 8 点, ⑶ 3 点)

(1) ユークリッドの互除法を用いて, 391 と 299 の最大公約数を求めよ。

(2) 方程式 $3x+4y=1$ の整数解をすべて求めよ。

(3) 67 を 2 進法で表せ。

(4) 次の図において，直線ATが点Aで円に接しているとき，角xを求めよ。

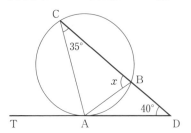

(5) 次の図で，xの値を求めよ。ただし，点Oは円の中心である。

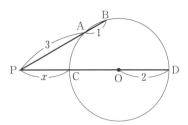

3 次の問いに答えよ。

((1)(3)各6点, (2)(4)(5)各4点)

(1) 次の図において点 G は △ABC の重心である。線分 BM, 線分 AG の長さをそれぞれ求めよ。

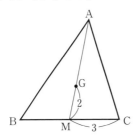

(2) 次の図の △ABC において, AP が ∠A の二等分線であるとき, 線分 CP の長さを求めよ。

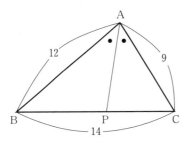

(3) 次の図において, 四角形 ABCD は円に内接している。このとき, 角 x, 角 y を求めよ。

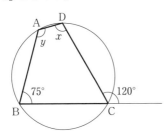

2 次の問いに答えよ。ただし，⑷は過程も含めて記述すること。

((1) 8 点，(2)(3)各 6 点，(4) 10 点)

⑴ 赤玉 4 個，白玉 2 個が入っている袋から，3 個の玉を同時に取り出すとき，次のように玉を取り出す確率を求めよ。
① 赤玉 3 個
② 赤玉 2 個，白玉 1 個

⑵ 1 から 10 までの番号が 1 つずつ書かれた 10 枚のカードがある。この中から 1 枚のカードを引くとき，引いたカードの番号が 3 の倍数でない確率を求めよ。

⑶ 1 から 9 まで書かれた 9 枚のカードがあり，奇数のカードは白，偶数のカードは赤である。この 9 枚のカードの中から無作為に 1 枚を引く。引いたカードが白であるとわかったとき，それが 3 の倍数である確率を求めよ。

⑷ 1 枚の硬貨を 4 回投げるとき，表が出た回数の期待値を求めよ。

1 次の問いに答えよ。

((1)(2)各8点, (3)4点, (4)(5)各5点)

(1) 50以下の自然数のうち, 次のような数は何個あるか。
　① 4の倍数かつ5の倍数
　② 4の倍数または5の倍数

(2) 大人3人と子ども2人が1列に並ぶとき, 次のような並び方は何通り
　あるか。
　① 子どもが隣り合う。
　② 大人が両端にくる。

(3) 6人が円形のテーブルのまわりに座るとき, 座り方は何通りあるか。

(4) 男子5人, 女子3人の中から5人の役員を選ぶ。このとき, 男子から3
　人, 女子から2人を選ぶ選び方は何通りあるか。

(5) 右の図のような道路がある町で, A
　地点からB地点まで行くとき, 最短経
　路で行く道順は全部で何通りあるか。

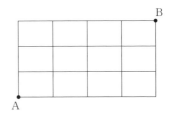

修了判定模試

解答時間　50分

配　点　100点

＊解き終わったら、「別冊解答解説」P.57 を見て採点をしましょう。

注意事項

1.　問題は $\boxed{1}$〜$\boxed{4}$ の４題から成っている。

2.　解答用紙は、この問題冊子の７・８ページにある。点線で切り離して使うこと。

3.　解答はすべて、問題の番号と解答用紙の番号とが一致するように、解答欄に記入すること。

KOKOKARA DRILL SERIES

大学入試
HAJIMERU
入試

小倉のここからはじめる数学Aドリル

修了判定模試

A Workbook for Students to Get into College
Mathematics A by Yuji Ogura
The Comprehension Assessment Exam

Gakken

KOKOKARA DRILL SERIES

大学入試
HAJIMERU

小倉の ここから

はじめる

数学A

ドリル

Gakken

受験勉強の挫折の原因とは？

自分で
続けられる
かな…

定期テスト対策と受験勉強の違い

本書は，これから受験勉強を始めようとしている人のための，「いちばんはじめの受験入門書」です。ただ，本書を手に取った人のなかには，「そもそも受験勉強ってどうやったらいいの？」「定期テストの勉強法と同じじゃだめなの？」と思っている人も多いのではないでしょうか。実は，定期テストと大学入試は，本質的に違う試験なのです。そのため，定期テストでは点が取れている人でも，大学入試に向けた勉強になると挫折してしまうことがよくあります。

定期テスト
とは…

▶ 授業で学んだ内容のチェックをするためのもの。

学校で行われる定期テストは，基本的には「授業で学んだことをどれくらい覚えているか」を測るものです。出題する先生も「授業で教えたことをきちんと定着させてほしい」という趣旨でテストを作成しているケースが多いでしょう。出題範囲も，基本的には数か月間の学習内容なので，「毎日ノートをしっかりまとめる」「先生の作成したプリントをしっかり覚えておく」といったように真面目に勉強していれば，ある程度の成績は期待できます。

大学入試
とは…

▶ 膨大な知識と応用力が求められるもの。

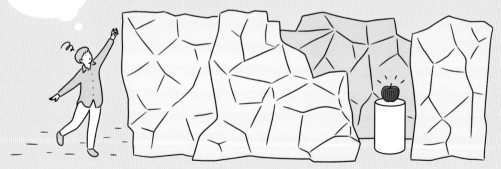

一方で大学入試は，出題範囲は高校3年分，そして，「入学者を選抜する」，言い換えれば「落とす」ための試験なので，点数に差をつけるため，基本的な知識だけでなく，その知識を活かす力（応用力）も問われます。また，試験時間内に問題を解ききるための時間配分なども必要になります。定期テストとは試験の内容も問われる力も違うので，同じような対策では太刀打ちできず，受験勉強の「壁」を感じる人も多いのです。

受験参考書の難しさ

定期テスト対策とは大きく異なる勉強が求められる受験勉強。出題範囲が膨大で，対策に充てられる時間も限られていることから，「真面目にコツコツ」だけでは挫折してしまう可能性があります。むしろ真面目に頑張る人に限って，空回りしてしまいがちです。その理由のひとつに，受験参考書を使いこなすことの難しさが挙げられます。多くの受験生が陥りがちな失敗として，以下のようなものがあります。

参考書1冊をやりきることができない

本格的な受験参考書に挑戦してみると，解説が長かったり，問題量が多かったりして，
挫折してしまう。1冊やりきれないままの本が何冊も手元にある。
こんな状態になってしまう受験生は少なくありません。

最初からつまずく

自分のレベルにぴったり合った参考書を選ぶのは難しいもの。
いきなり難しい参考書を手に取ってしまうと，まったく問題に歯が立たず，
解説を見ても理解できず，の八方塞がりになってしまいがちです。

学習内容が定着しないままになってしまう

1冊をとりあえずやりきっても，最初のほうの内容を忘れてしまっていたり，
中途半端にしか理解できていなかったり……。
力が完全に身についたといえない状態で，
よりレベルの高い参考書に進んでも，うまくいきません。

ならばどうしたら
この失敗が防げるか
考えたのが…

ここからはじめるシリーズなら挫折しない！

前ページで説明したような失敗を防ぎ，これまでの定期テスト向けの勉強から受験勉強へとスムーズに移行できるように工夫したのが，「ここからはじめる」シリーズです。無理なく，1冊をしっかりとやりきれる設計なので，これから受験勉強をはじめようとする人の，「いちばんはじめの受験入門書」として最適です。

1　1冊全部やりきれる！

全テーマが，解説1ページ➡演習1ページの見開き構成になっています。
スモールステップで無理なく取り組むことができるので，
1冊を最後までやりきれます。

2　最初でつまずかない！

本格的な受験勉強をはじめるときにまず身につけておきたい，
基礎の基礎のテーマから解説しています。
ニガテな人でもつまずくことなく，受験勉強をスタートさせることができます。

3　学習内容がしっかり定着する！

1冊やり終えた後に，学習した内容が身についているかを
確認できる「修了判定模試」が付いています。
本書の内容を完璧にし，次のレベルの参考書にスムーズに進むことができます。

これなら
続けられそう

はじめまして！ 数学講師の小倉悠司です。この本を選んでくれてありがとう！

今この文章を読んでいる人の中には，数学に対して前向きな気持ちをもっている人もいれば，数学に不安をもっている人もいると思います。いずれにせよ，「数学がもっとできるようになりたい」と思っているのではないでしょうか。「ここから」シリーズは必ずそんなあなたの助けになります。この本は，数学が好きな人はもっと得意に，数学に不安をもっている人は少しずつ苦手を克服し，不安が解消されていくきっかけになるように全力を尽くして作成しました！

「ここからはじめる数学A」では，「数学Aの基本事項の習得」が目標です。そのために必要な事を，中学数学まで（場合によっては小学算数まで）さかのぼって学習できる構成になっています。目標は本書に掲載されている演習問題（演習）が解けるようになることです。

チャレンジ問題（ CHALLENGE ）は，基本事項の習得だけでなく，「自分の頭」で「考える」という事に挑戦して欲しいという想いで入れています。初めのうちは解けなくても構いません！ 頭で考えるだけでなく実際に手を動かすなど（僕は手で考えると呼んでいます！），試行錯誤してみてください。チャレンジ問題ができなくても落ち込む必要はありませんが，できたときは盛大に自分自身を褒めてください。

演習問題は基本事項を定着させるための問題なので，1，2分ほど考えても分からない場合はすぐに答えを見ても構いませんが，チャレンジ問題はぜひ5分〜10分くらいは粘り強く考えてみてください。

「今の行動が未来を創る」

あなたがこの本で数学を学ぶという「行動」は，必ずあなたが望む「未来」につながっています！ あなたが望む未来を手に入れられることを，心より願ってい"math"！

小倉 悠司

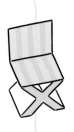

もくじ

Chapter 3 図形の性質

Chapter 4 数学の活用

別冊「解答解説」 → 別冊「修了判定模試」

How to Use

超基礎レベルの知識から，順番に積み上げていける構成になっています。

「▶ここからはじめる」をまず読んで，この講で学習する概要をチェックしましょう。

解説を読んだら，書き込み式の演習ページへ。
学んだ内容が身についているか，すぐに確認できます。

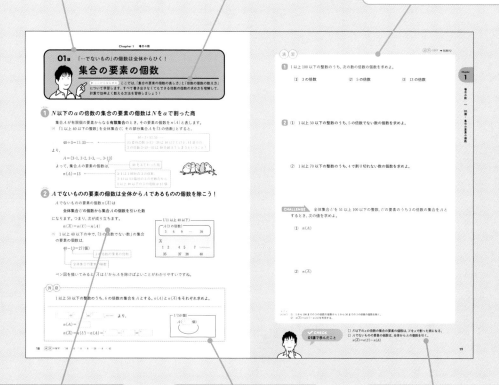

人気講師によるわかりやすい解説。ニガテな人でもしっかり理解できます。

例題を解くことで，より理解が深まります。

学んだ内容を最後におさらいできるチェックリスト付き。

答え合わせがしやすい別冊「解答解説」付き。
詳しい解説でさらに基礎力アップが狙えます。

すべての講をやり終えたら，「修了判定模試」で力試し。間違えた問題は
➡00講のアイコンを参照し，該当する講に戻って復習しましょう。

1 | 今までの学習，本当に正しいかどうかを考えてみよう！　大丈夫！　今からでも数学はできるようになります。

正しく学習すれば数学は必ずできるようになる

　数学ができるようになるか，不安に思っている人もいるかもしれません。最先端の数学となると話は別かもしれませんが，大学入試の数学は，**正しく学習すれば必ずできるようになります。**ですので，安心して数学を学習してください。ただし，高校の数学に入る前に，小学算数や中学数学に不安がある人はまずはそこをきちんと固めることが大切です。土台がしっかりしていない状態で学習しても，基本的な部分で躓いたり，なんとなくでしか内容を把握できなかったりなど，結果的に遠回りになります。「急がば回れ」という言葉がありますが，受験に間に合わせたいと急いでいる時こそ，**本書に掲載されている小中学生の内容を固めた上で高校の内容を学習してください。その方が定着も早く効果的です。**

今までの学習の方法は本当に正しいでしょうか？

　中学数学までは得意だったけど，高校数学になったら急に解けなくなったという話をよく聞きます。**あなたの今までの数学の学習法は本当に正しいのでしょうか？**とりあえず問題を解いて，「このパターンの問題はこのように解く」と根拠もなく暗記をする（パターン暗記と呼ぶことにします。）という学習を行っていないでしょうか？　中学数学まではテストで問われるパターンもそこまで多くはなく，パターン暗記でも上手くいったかもしれません。そして，高校数学でも範囲が絞られている定期テストなどは乗り切れたかもしれません。「**知っている問題が出れば解ける**」，「**知らない問題が出れば解けない**」となるパターン暗記では，**実力テストや模試，ましてや入試をのり切ることはできません。**

実は理解していなかった部分を見つけ，解消されればよりスムーズに学習が進むよ。そのためにも小学や中学内容もしっかり確認しておこう。

2 | パターン暗記だけの学習には限界がある！ 「根拠」が応用問題，初見の問題を解く手がかり！

パターン暗記だけの学習には限界がある

　パターン暗記でも模試でそこそこ点数が取れているという人もいるかもしれません。全国模試の問題構成は大まかに，「**⑴教科書レベルの問題　⑵問題集，参考書に載っているような典型問題　⑶応用問題**」のようになっているので，パターン暗記だけでもある程度の点数が取れることもあります。⑴，⑵のような**見たことがある問題は，パターン暗記をしていれば解ける**からです。しかし，⑶はパターン暗記だけの学習では対応できず，ここで頭打ちになってしまいます。**パターン暗記だけの学習でもある程度までは点数が取れるようになりますが，限界があります。**

応用問題，初見の問題を解く手がかりは「根拠」

　応用問題が解けるようになるためには，例えば余弦定理を使う問題において，「なぜ」余弦定理を使うのかなど，**「根拠」がわかっていることが大切**です。本書では，「根拠」がわかっていることを「理解」と呼ぶことにします。$\sin\theta$ が何であるかなど，定義は「暗記」する必要がありますが，問題の解き方は「理解」しないとその問題しか解けない「**点の学習**」になってしまいます。正しく「理解」すれば，周辺の問題も解ける「**面の学習**」になり効率的に学習できます。

　応用問題は知識を組み合わせて解く必要があり，**どの知識を組み合わせて解くかの判断材料となるのが「根拠」**です。例えば，「余弦定理」を使うのは，「知りたいもの＋わかっているもの」が「3辺と1角の関係」のときで，その状況に当てはまるから余弦定理！のように「**根拠**」が，**問題を解く手がかり**になります。

「根拠」がわかってくると数学の学習も楽しくなってくるよ！ 「根拠」は成績の向上にもつながるし，モチベーションアップにもつながるよ！

3 | まずは，定義や基本事項を身につけ，基礎力をつける！　応用問題は手を動かし，試行錯誤して考えよう！

まずは，定義や基本事項を身につけよう

　さて，ここからは具体的な学習法をお話ししていきます。まずは，定義や基本事項を身につけましょう。料理においても，食材や道具の基本的な知識をまず身につける必要がありますね。その後，食材，調味料などを組み合わせて，こんな調理方法をすると美味しいのではないかと試行錯誤することができるようになります。数学も同じです。**まずは，定義や基本事項，すなわち，考えるための知識や道具を身につけましょう。** 基本事項を身につけるための問題（「ここからシリーズ」の中では演習問題（(演)(習)））が少し考えて分からない場合は，答えをすぐに見ても構いません。基本事項が身につくまでくり返し行いましょう！

定義や基本事項が身についたら手を動かして考えよう

　定義や基本事項が身についた後は，基本事項を組み合わせて解く問題（「ここからシリーズ」の中ではチャレンジ問題 CHALLENGE ）に取り組みましょう。その際，**分からなくてもすぐに答えを見るのではなく，「自分の頭を使って」じっくり考えてみましょう！** 　考えるというと頭の中だけのことだと思うかも知れませんが，手を動かし，「試行錯誤」を行うことも大切です。僕はよく**「手で考える」**という言葉を使います。「根拠」が応用問題を解く手がかりにはなりますが，「根拠」が分かっていてもどう組み合わせて解くかを考える試行錯誤も重要です。条件を整理してみたり，文字の場合は具体的な数で考えてみたりなど，頭で考えるだけでなく**手でも考えてみてください！**

基礎は「易しい」ではなく「土台」だから，中には難しく感じることもあるかもしれないけど，基礎を固めることは本当に大切だよ！

4 | 根拠が難しく感じる場合は，使い方を学んだ後に根拠に戻ってくるのもアリ！

根拠が難しく感じる場合は，「使い方」⇒「根拠」もアリ

　数学の学習は，公式の証明や，「なぜ」そう考えるかを理解してから，公式を用いたり，その考え方を応用したりするのが理想です。しかし，時には「**なぜ**」**が理解しにくい時**もあると思います。そのような時は，**まず公式を用いて問題を解いてみて，どのような時に使うかなどを先に学びましょう**。例えば，異なる5個から3個を選ぶ組合せの総数が「なぜ」$\dfrac{5\cdot4\cdot3}{3\cdot2\cdot1}$で求めることができるかが難しく感じた場合，まずは「5から1ずつ減らして3つかけたもの」を，「3から1ずつ減らして3つかけたもの」で割ると覚えて計算しても構いません。ただし，ある程度問題が解けるようになったら，**必ず戻ってきて「なぜ」を理解するようにしてください**。

数学Aの分野は，数学Ⅰよりも難しいと感じる人もいる？

　数学Aの分野は数学Ⅰと比べると苦手に感じる人もいると思います。場合の数・確率の問題はまず**文章を読んで設定を理解する**というステップが入ったり，図形問題においては図が与えられておらず，**自分で図を描く必要があったり**と，いざ問題を解き始めるまでに必要な作業が数学Ⅰに比べて多い傾向にあります。また，**数学Aは入試問題になると特に，思考力が必要な場面が多くなります**。こういった理由により，数学Aの方が難しいと感じる人もいると思います。しかし，見方を変えれば，自分で考える部分が多い分「面白い」とも言えるので，ぜひ楽しみながら学習してもらえれば幸いです。

公式の証明や「なぜ」そう考えるかなどの「根拠」の理解はどこかで通過すればOK！　自分に合った学び方で楽しみながら学習しよう！

教えて！　小倉先生

Q

小学生からずっと算数，数学が苦手です。それでも大学受験を突破できますか？

　算数，数学にずっと苦手意識をもっています。行きたい大学では，受験に数学を使うのですが，できるようになるか不安です。今までも数学を頑張ろうとしては，結果が出ませんでした。本当に数学ができるようになるのでしょうか？

A

数学は積み重ねの学問！　つまずいている所を解決して，1つ1つを積み上げれば必ずできるようになります！

　できるようになるまでにかかる時間は人によって異なるとは思いますが，**大学受験数学であれば，1つ1つの事柄をしっかり理解して積み上げていけば必ずできるようになります**。「ここからシリーズ」はまさにそのような人のために，小学校の算数からも大学受験に必要な部分を抜き出して掲載しています。どこかでつまずいてしまっている，または仕組みがわからずに丸暗記してしまっていることによって伸び悩んでいる人も，「ここからシリーズ」を通して**しっかりと「理解」を積み上げていけば大丈夫です。「理解」をしていき，根拠がわかってくると数学が段々と面白くなってきます**。そうなるまでは大変かもしれませんが，止まない雨はありません。

　あなたが数学を好きになってくれる日を楽しみにしています。

教えて！ 小倉先生

Q

問題が解けないと，すぐに答えを見たくなります。時間がかかっても自分で考えたほうが良いですか？

　問題が解けないと，すぐに答えが見たくなってしまいます。それではいけないとなんとなくは思いつつ…わかるまで考えるべきでしょうか？
　それだと時間がかかり過ぎる気がして気が重いです。

A

教科書の本文と一緒に載っているような問題はすぐに答えを見てもOK！　章末問題はじっくり考えてみよう。

　答えを見たくなる気持ちもわかります。苦手な教科だと特にそうですよね。数学には答えをすぐに見てもよい問題とじっくり考えてほしい問題があります。目安としては**基本事項を身につけるための問題**（ここからはじめるでは演習問題 演 習 ）は，**少し考えてわからない場合はすぐに答えを見てもよい**と思います。また，より思考力をつけたい人は，そのような基礎的な問題の別解を考えてみることもおススメです。**章末問題などの応用問題**（ここからはじめるではチャレンジ問題 CHALLENGE ）は，基本事項がひと通り身についた後に，じっくり考えて取り組むのがおススメです。最初はわからないと答えを見たくなるかもしれませんが，自力で解けると嬉しくスッキリしますよ。

Q

数学は1日何時間ぐらい学習すべきでしょうか？

　1日に何時間数学を学習すればよいでしょうか？　どれぐらい数学の学習に時間をかければよいかがわかりません。

A

時間ではなく「講の数」で考えよう。1日に何講やれば受験に間に合うか，逆算して考える！

　1日に何講やれば受験に間に合うかを逆算して考えましょう！ ここからはじめる数学Aは55講あります。例えば，2ヵ月で終わらせたいのであれば，1日に1講をこなせば十分ですが，1ヵ月で終わらせたいのであれば，1日に2講をこなす必要がありますね。続けていくと1講におよそどれぐらいの時間がかかるかがわかってくると思います。例えば，平均しておよそ1時間かかるのであれば，2講をこなしたいときは2時間ほど確保しておけばよいわけです。ただし，講によってはもっと時間がかかるときもありますので，**どこかで予備の時間を作っておくなどして，はみ出した分を回収できるような仕組みを作っておくと良いでしょう。**逆算して計画を立てて学習していきましょう！

大学
入試
HAJIMERU

小倉の ここから
はじめる
数学A
ドリル

河合塾
小倉悠司

01講　「…でないもの」の個数は全体からひく！

集合の要素の個数

▶ ここからはじめる　ここでは，「集合の要素の個数の表し方」と「倍数の個数の数え方」について学習します。すべて書き出さなくてもできる倍数の個数の求め方を理解して，計算で効率よく数える方法を習得しましょう！

POINT 1　N以下のaの倍数の集合の要素の個数はNをaで割った商

集合Aが有限個の要素からなる**有限集合**のとき，その要素の個数を$n(A)$と表します。

（例）「1以上40以下の整数」を全体集合U，その部分集合Aを「3の倍数」とすると，

$$40 \div 3 = 13.33\cdots\cdots$$

> $40 = 3 \times 13.33\cdots\cdots$
> 13番目の数 $3 \cdot 13 = 39$ は40以下だけど，14番目の
> 3の倍数 $3 \cdot 14 = 42$ は40を超えてしまうということ！

より，

$$A = \{3 \cdot 1, \ 3 \cdot 2, \ 3 \cdot 3, \ \cdots, \ 3 \cdot 13\}$$

よって，集合Aの要素の個数は，

> 40を3でわった商。

$$n(A) = 13$$

> $3 \cdot 1$ は1個目の3の倍数，
> $3 \cdot 13$ は13個目の3の倍数だから，
> 1以上40以下の3の倍数は13個。

POINT 2　Aでないものの要素の個数は全体からAであるものの個数を除こう！

Aでないものの要素の個数 $n(\overline{A})$ は

全体集合Uの個数から集合Aの個数を引いた数

になります。つまり，次が成り立ちます。

$$n(\overline{A}) = n(U) - n(A)$$

（例）1以上40以下の中で，「3の倍数でない数」の集合の要素の個数は，

$$40 - 13 = 27 \, (個)$$

> 3の倍数の要素の個数。

> 全体集合の要素の個数。

ベン図を描いてみると，$\overline{A}$ はUからAを除けばよいことがわかりやすいですね。

例題

1以上50以下の整数のうち，6の倍数の集合をAとする。$n(A)$と$n(\overline{A})$をそれぞれ求めよ。

- -

 $\div$ イ = ウ …… より，

$$n(A) = \boxed{\text{エ}}$$

$$n(\overline{A}) = n(U) - n(A) = \boxed{\text{オ}} - \boxed{\text{カ}} = \boxed{\text{キ}}$$

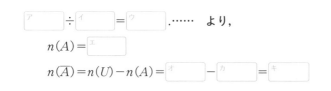

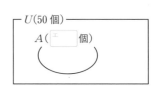

例題の解答　ア 50　イ 6　ウ 8　エ 8　オ 50　カ 8　キ 42

1 1 以上 100 以下の整数のうち，次の数の倍数の個数を求めよ。

    (1)　3 の倍数　　　　　　　　(2)　5 の倍数　　　　　　　　(3)　13 の倍数

2 (1)　1 以上 50 以下の整数のうち，5 の倍数でない数の個数を求めよ。

   (2)　1 以上 70 以下の整数のうち，4 で割り切れない数の個数を求めよ。

CHALLENGE　　全体集合 U を 51 以上 100 以下の整数，U の要素のうち 3 の倍数の集合を A とするとき，次の値を求めよ。

   (1)　$n(A)$

   (2)　$n(\overline{A})$

HINT　(1)　1 から 100 までの 3 の倍数の個数から 1 から 50 までの 3 の倍数の個数を除く。
　　　　(2)　$n(\overline{A}) = n(U) - n(A)$ を利用する。

✔ CHECK
01講で学んだこと

□ N 以下の a の倍数の集合の要素の個数は，N を a で割った商になる。
□ A でないものの要素の個数は，全体から A の個数を引く。
　$n(\overline{A}) = n(U) - n(A)$

02講 $A \cup B$ の要素の個数は，共通部分を1回分ひく！

和集合の要素の個数

▶ ここからはじめる ここでは，「和集合の要素の個数」について学習します。集合 A または集合 B に含まれる要素の個数はそれぞれの集合の個数をたすだけではうまくいかないことがあります。具体例を通して効率よく計算する方法を理解しましょう！

 和集合の要素の個数は2つの集合の要素の個数をたして共通部分をひく

例えば，$A=\{2, 4, 6, 8, 10, 12, 14\}$，$B=\{3, 6, 9, 12, 15\}$ のとき，ベン図で表すと，次のようになります。

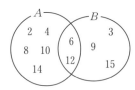

和集合 $A \cup B=\{2, 3, 4, 6, 8, 9, 10, 12, 14, 15\}$
共通部分 $A \cap B=\{6, 12\}$

> $A \cap B$ の要素 6 と 12 は 2 回分たされてしまうから 1 回分ひこう！

要素の個数に注目して関係性をみると，

$$n(A \cup B) \quad = \quad n(A) \quad + \quad n(B) \quad - \quad n(A \cap B)$$
$$10(個) \quad = \quad 7(個) \quad + \quad 5(個) \quad - \quad 2(個)$$

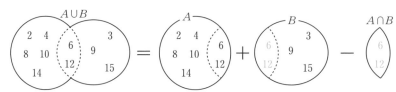

和集合 $A \cup B$ の要素の個数は2つの集合の要素の個数をたして，共通部分の要素の個数をひくことで求めることができます。

右の図のように**共通部分がないとき**は，それぞれの集合の要素の個数をたすことで求めることができます。

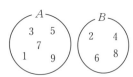

$$n(A \cup B) \quad = \quad n(A) \quad + \quad n(B)$$
$$9(個) \quad \quad 5(個) \quad \quad 4(個)$$

例題

50以下の自然数のうち，3の倍数の集合を A，4の倍数の集合を B とするとき，$n(A \cup B)$ を求めよ。

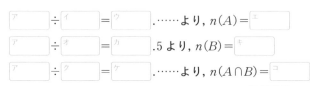

$$\boxed{ア} \div \boxed{イ} = \boxed{ウ} \quad \cdots\cdots より, \ n(A)=\boxed{エ}$$

$$\boxed{ア} \div \boxed{オ} = \boxed{カ} \quad .5 より, \ n(B)=\boxed{キ}$$

$$\boxed{ア} \div \boxed{ク} = \boxed{ケ} \quad \cdots\cdots より, \ n(A \cap B)=\boxed{コ}$$

よって，$n(A \cup B)=n(A)+n(B)-n(A \cap B)=\boxed{サ}$

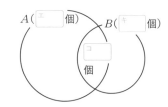

1 (1)　$A=\{2, 3, 5, 7, 11, 13\}$, $B=\{1, 3, 5, 7, 9, 11, 13, 15\}$ のとき, $A\cup B$ の要素の個数を求めよ。

(2)　$A=\{1, 2, 4, 8, 16, 32\}$, $B=\{5, 7, 9, 11, 13, 15\}$ のとき, $A\cup B$ の要素の個数を求めよ。

2 100 以下の自然数のうち, 5 の倍数または 7 の倍数である数の個数を求めよ。

CHALLENGE 　80 以下の自然数のうち, 2 の倍数でも 5 の倍数でもない数の個数を求めよ。

HINT 　2 の倍数の集合を A, 5 の倍数の集合を B とすると, $n(A\cap B)$ を求めればよい。

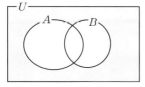

✔ **CHECK**
02講で学んだこと

☐ 和集合の要素の個数は, 2 つの集合の要素の個数をたして, 共通部分をひく。
☐ 共通部分がないとき, 和集合の要素の個数はそれぞれの要素の個数をたす。

03講　個数を数えるときは，表や樹形図を利用する！
個数の数え方

▶ ここからはじめる　今回は，「個数の数え方」の基本的な事柄について学習します。何かの個数を数えるとき，表や樹形図にまとめて書き出しながら数える方法は，基本的でミスもしにくい方法です。表や図の作り方をしっかりと押さえておきましょう！

POINT 1　表は「すべての場合の数」と「条件をみたす場合の数」が一目で明らか

㋑　大小 2 個のさいころを同時に投げるとき，目の和が 8 となる場合の数を求めよ。

（大，小）＝(2, 6), (3, 5), (4, 4), (5, 3), (6, 2)

の 5 通り。このように書き出して数えてもできますが，右のような表を利用して目の和が 8 となる部分に〇をつけても 5 通りとわかりますね。表は，「**起こり得るすべての場合の数**」と「**条件をみたす場合の数**」が一目で明らかになるので，もれなく重複なく数えやすくなります。特に今回のような 2 個のさいころの場合は有効です。

> 目の出方の総数が全部で 36 通りあることもわかる。

	1	2	3	4	5	6
1						
2						〇
3					〇	
4				〇		
5			〇			
6		〇				

POINT 2　樹形図はルールを決めて書き出そう！

㋑　A, B, C, D の 4 人の中から，2 人を選ぶ選び方は何通りあるか。

次の図のように，起こり得るすべての場合を書き出すことで 6 通りとわかります。次のような図を**樹形図**といいます。

> 場合の数は全部で 3＋2＋1＝6（通り）

> 今回は，アルファベット順に書き出すというルール。

樹形図は書き出していくときにルールを決めて数えると，起こり得るあらゆる場合をもれや重複なく数える有効な方法の 1 つになります。

例題

, ①, ①, ② の 4 枚のカードから 3 枚を取り出し，並べて作ることができる 3 桁の整数を，樹形図で書き出して何通りあるか求めよ。

- -

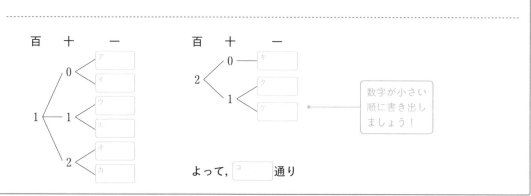

> 数字が小さい順に書き出しましょう！

よって，[コ]　通り

　例題の解答　㋐1　㋑2　㋒0　㋓2　㋔0　㋕1　㋖1　㋗0　㋘1　㋙9

演習

1 大小 2 個のさいころを同時に投げるとき, 目の和が 10 以上になる場合の数を求めよ。

2 2 個のさいころを同時に投げるとき, 奇数の目と偶数の目が 1 つずつ出る場合の数は何通りあるか求めよ。

3 赤玉 3 個, 緑玉 2 個, 白玉 1 個の中から 3 個を選んで並べるとき, 並べ方は全部で何通りあるか求めよ。

CHALLENGE 9 個のボールを 3 つの区別のつかない箱に分けて入れるとき, 入れ方の総数を求めよ。ただし, 1 つの箱には最大 6 個までしか入れることができず, どの箱にも少なくとも 1 個はボールを入れるものとする。

HINT 樹形図を使ってすべてを書き出してみよう。数えるときは, 入れるボールの個数が少ない箱から順に考えてみるとよい。

**✔ CHECK
03講で学んだこと**

□ 表は「起こり得るすべての場合の数」と「条件をみたす場合の数」が一目で明らかになる。
□ 樹形図で書き出していくときにはルールを決めて数える。

04講　和の法則・積の法則を用いて場合の数を求める！
和の法則・積の法則

▶ **ここからはじめる** 場合の数を求めるときに欠かせない「和の法則」「積の法則」について学習しましょう。この 2 つの法則を使いこなせるようになると，すべての場合を書き出さなくても，複雑な条件を含む場合の数を求めることができるようになります。

POINT 1 同時に起こらない 2 つの事柄に対しては，それぞれの場合の数をたす！

同時に起こらない 2 つの事柄 A, B に対して，

（A または B の起こる場合の数）＝（A の起こる場合の数）＋（B の起こる場合の数）

が成り立ち，これを**和の法則**といいます。

例　大小 2 個のさいころを同時に投げるとき，目の和が 5 の倍数となる目の出方は何通りあるか求めよ。

(i)　「目の和が 5」となるものは，（大，小）＝(1, 4), (2, 3), (3, 2), (4, 1) の 4 通り。

(ii)　「目の和が 10」となるものは，（大，小）＝(4, 6), (5, 5), (6, 4) の 3 通り。

よって，目の和が 5 の倍数となる目の出方は，

$4+3=7$（通り）

> 「目の和が 5」と「目の和が 10」は同時には起こらないから，たすことで求めることができる。

POINT 2 出る枝の数が等しいときは，積の法則が利用できる！

事柄 A のどの場合に対しても事柄 B が同じ場合の数だけ起こるときは，

（A と B がともに起こる場合の数）＝（A の起こる場合の数）×（B の起こる場合の数）

が成り立ち，これを**積の法則**といいます。

例　あるレストランのランチでは，食べ物が X, Y, Z の 3 種類，飲み物が p, q, r, s の 4 種類用意されている。それぞれから 1 種類ずつ選ぶとき，選び方は何通りあるか。

樹形図は右の図のようになります。X, Y, Z それぞれに対して 4 種類ずつ選び方があるから，

$3×4=12$（通り）

> 4 本ずつ枝が出ているから「×4」

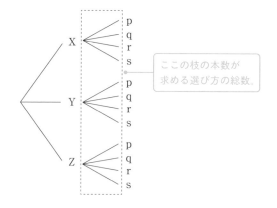

> ここの枝の本数が求める選び方の総数。

例題

❶　硬貨を 3 回投げて，2 回以上表が出る出方は全部で何通りあるか。

❷　男子 5 人，女子 4 人の中から男女 1 人ずつ代表を選ぶとき，その選び方の総数を求めよ。

- - - - - -

❶　2 回表が出るのは ［ア　］ 通り，

　　3 回表が出るのは ［イ　］ 通り

　　よって，［ア　］＋［イ　］＝［ウ　］（通り）

❷　男子の代表の選び方は ［エ　］ 通り，

　　女子の代表の選び方は ［オ　］ 通り

　　よって，［エ　］×［オ　］＝［カ　］（通り）

1 大小 2 個のさいころを同時に投げるとき，次の場合の数を求めよ。

    (1)   目の和が 7 または 8 になる   (2)   目の積が奇数になる

2 あるサッカーチームではユニホームのシャツを 4 種類，ズボンを 3 種類，靴下を 2 種類もっている。このとき，シャツ・ズボン・靴下の組合せは全部で何通りあるか。

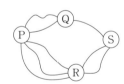

CHALLENGE   P，Q，R，S の町は右の図のように何本かの道でつながっている。このとき，P から S へ行く行き方は何通りあるか。ただし，同じ町を 2 度通らないものとする。

ヽ l ／
HINT   P から S へ行くときに通る町のパターンは 2 つある。

✔ CHECK
04講で学んだこと

☐ 同時に起こらない 2 つの事柄 A，B に対して，
   （A または B の起こる場合の数）＝（A の起こる場合の数）＋（B の起こる場合の数）
☐ 事柄 A のどの場合に対しても事柄 B が同じ場合の数だけ起こるときは，
   （A と B がともに起こる場合の数）＝（A の起こる場合の数）×（B の起こる場合の数）

05講　1列に並べる並べ方について学ぼう！

順列

▶ ここからはじめる　今回は，順列について学習しましょう！　順列とは，いくつかのものを，順序を考えに入れて列状に並べたもののことです。「積の法則」の考え方を使って，効率よく計算する方法を習得しましょう。

n個からr個取る順列はnから1ずつ減らしてr個かけたもの

⑳　5枚のカード①，②，③，④，⑤から3枚を取り出し，並べて作ることができる3桁の整数は何通りあるか。

使える数字がさらに1つ減って，3通り

使える数字が1つ減って，4通り

　このように，まず5本の枝が出て，そのそれぞれから4本ずつ枝が出て，さらにそのそれぞれから3本ずつ枝が出るので，積の法則を使って計算すると，

$$5×4×3＝60（通り）$$

　このように，異なる5個のものから3個取り出して並べる並べ方の総数，つまり

「5から始めて1ずつ減らして3個の数をかけ合わせたもの」

を「${}_5P_3$」と表します（${}_5P_3＝5・4・3$）。

nから始めて1ずつ減らしてr個の数をかけ合わせたもの。

　n個からr個取る順列の総数は

$$_nP_r＝n(n-1)(n-2)\cdots\cdots(n-r+1)（通り）$$

r番目は残り$n-(r-1)$個

　特に，n個のものすべてを並べるときは

$$_nP_n＝n(n-1)(n-2)\cdots\cdots3・2・1$$

「・」は積を表し，「×」と同じ意味。

となり，このときは「nの**階乗**」といい，$n!$と表します。
　また，$0!＝1$，${}_nP_0＝1$とします。

例題

1　次の値を求めよ。
　(1)　${}_7P_4$　　　　　　　　　　　　　(2)　$5!$

2　5人の中から，部長と副部長を選ぶとき，その選び方の総数を求めよ。

- - - - - - - - - - - - - -

1(1)　${}_7P_4＝$「ア」$・$「　」$・$「　」$・$「　」$＝$「イ」　　　(2)　$5!＝$「ウ」$・$「　」$・$「　」$・$「　」$・$「　」$＝$「エ」

2　「オ」P「カ」$＝$「キ」$＝$「ク」（通り）

1 次の値を求めよ。

(1) $_6\mathrm{P}_2$ (2) $_9\mathrm{P}_3$ (3) $4!$ (4) $8!$

2 次の場合の数を求めよ。

(1) 異なる7冊の本の中から3冊を選んで, 1列に並べる方法。

(2) 5枚のカード $\boxed{1}$, $\boxed{2}$, $\boxed{3}$, $\boxed{4}$, $\boxed{5}$ から2枚を使って, 作ることができる2桁の整数。

(3) 6人を1列に並べる方法。

CHALLENGE 次の空欄に当てはまる数を答えよ。

$$_{10}\mathrm{P}_7=\frac{\boxed{}!}{\boxed{}!}$$

HINT $_{10}\mathrm{P}_7=10\cdot9\cdot8\cdot7\cdot6\cdot5\cdot4$ の分母と分子に同じ数をかけてみよう。

✔ CHECK
05講で学んだこと

☐ n個からr個取る順列の総数は $_n\mathrm{P}_r=n(n-1)(n-2)\cdots\cdots(n-r+1)$
☐ n個からn個取る順列の総数は $n!=n(n-1)(n-2)\cdots\cdots3\cdot2\cdot1$

06講 「隣り合う」ときはひとかたまりにしてしまう！
順列の利用

▶ ここからはじめる　今回は，順列の利用について学習していきます。さまざまな条件がつけられても，並べ方を工夫したり，並べる順番を考えることで効率よく数えることができます。ここではよく出題されるパターンをいくつか紹介します。

POINT 1 「隣り合う」はひとかたまりとして考える！

例　男子A, B, Cの3人と女子d, eの2人が1列に並ぶ。このとき，女子2人が隣り合う並び方は何通りあるか。

隣り合う女子はセットで並ぶ場所が変わるので**ひとかたまり**として考えます（女子のかたまりを女子とする）。A, B, C, 女子が1列に並ぶと考えた後に，女子の並び方を考えます。

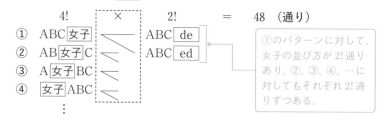

「**隣り合う**」，「**連続する**」ときたら，**ひとかたまり**として考えましょう！

POINT 2 条件が強いところから考える！

例　男子A, B, Cの3人と女子d, e, fの3人が1列に並ぶ。このとき，両端が男子となる並び方は何通りあるか。

条件がついている両端の①，⑥に男子を**先に並べ**，その後に，②〜⑤に残りの4人を並べます。

$$_3P_2 \times 4! = 6 \times 24 = 144 \text{（通り）}$$
①, ⑥の並べ方　②〜⑤の並べ方

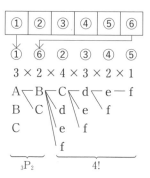

例題

5枚のカード①, ②, ③, ④, ⑤から3枚を取り出し，並べて作ることができる3桁の偶数は何通りあるか。

一の位の数の決め方は ［ア　］または［イ　］の［ウ　］通り

ほかの位の数の決め方は ［エ］P［オ］通り

よって，3桁の偶数は，［ウ　］×［エ］P［オ］＝［カ　］（通り）

演 習

1 男子4人と女子2人が1列に並ぶ。このとき，次のような並び方は何通りあるか。

(1) 女子2人が隣り合う並び方。

(2) 両端が男子となる並び方。

2 男子3人と女子3人が1列に並ぶ。このとき，次のような並び方は何通りあるか。

(1) 女子3人が連続する並び方。

(2) 女子3人のうちどの2人も隣り合わない並び方。

CHALLENGE 6枚のカード⓪，①，②，③，④，⑤から3枚を取り出し，並べて作ることができる3桁の偶数は何通りあるか。

HINT 「一の位が⓪のとき」または「一の位が②または④のとき」に場合分けをして和の法則を使おう。

✔ CHECK 06講で学んだこと

□ 「隣り合う」，「連続する」はひとかたまりとして考える。
□ 条件が強いところから考える。

07講　繰り返し用いてもよい場合の順列について学ぼう！
重複順列

▶ ここからはじめる　今回は，重複順列について学習していきます。順列の問題は問題文をしっかり読んで，条件を正しく把握することが大切になります。前回学習した順列の考え方も使うので，思い出しながら学習していきましょう。

n個のものからr個取った重複順列の総数はn^r

重複順列とは，「同じものを繰り返し用いてもよい順列」のことをいいます。

例　A, B, Cの3人でじゃんけんをするとき，その手の出し方は何通りあるか。

A, B, Cそれぞれにグー，チョキ，パーの3通りずつあるから，

$$3 \times 3 \times 3 = 3^3 = 27（通り）$$

一般的に，**異なるn個のものから，重複を許してr個取って並べる並べ方**は，

$$n \times n \times \cdots\cdots \times n = n^r \quad（通り）$$

A	B	C
グー	グー	グー
チョキ	チョキ	チョキ
パー	パー	パー

BはAの手に関係なく，グー，チョキ，パーの3通りあり，CもA，Bの手に関係なく3通りある。

例　0, 1, 2, 3, 4の5種類の数字を使ってできる3桁の整数は何通りあるか。ただし，同じ数字を何度使ってもよい。

条件が強いところから考える！

百の位は0を使うことができないので，使える数字は4通り。十の位と一の位で使える数字はそれぞれ5通りずつあるので，

$$4 \times 5 \times 5 = 100（通り）$$

重複順列も順列と同じように条件が強いところから考えます。

百	十	一
	0	0
1	1	1
2	2	2
3	3	3
4	4	4

例題

①〜⑤の5人をA, Bの2つの部屋に入れる。

1 空の部屋があってもよいとしたときの入れ方は何通りあるか。

2 空の部屋がないときの入れ方は何通りあるか。

---

1 ①〜⑤のそれぞれに [ア　] 通りの入れ方があり，

①	②	③	④	⑤
A	A	A	A	A
B	B	B	B	B

[ア　] [イ　] = [ウ　] （通り）

2 **1**の入れ方のうち，空の部屋があるときの入れ方は，[エ　] 通りある。

よって，空の部屋がないときの入れ方は，

（全員がAに入る）…Bが空
（全員がBに入る）…Aが空

[オ　] − [カ　] = [キ　] （通り）

1 次の場合は全部で何通りあるか求めよ。

(1) 5人でじゃんけんをするとき、その手の出し方。

(2) 1枚の硬貨を続けて4回投げるとき、表と裏の出方。

2 0, 1, 2, 3, 4, 5 の6種類の数字を使って4桁の整数を作るとき、次の場合はそれぞれ何通りあるか。ただし、同じ数字を何度使ってもよい。

(1) 4桁の整数

(2) 4桁の奇数

CHALLENGE 集合 $A = \{a, b, c, d, e\}$ の部分集合の個数を求めよ。

HINT 部分集合が a を要素にもつかもたないか、b を要素にもつかもたないか、c を要素にもつかもたないか、…に着目しよう。

**CHECK
07講で学んだこと**

□ 異なる n 個のものから、重複を許して r 個取って並べる並べ方は
$n \times n \times \cdots \times n = n^r$（通り）
□ 重複順列も基本的には順列と同じように条件が強いところから考える。

08講　円順列とは，ある人からみた風景の種類！

円順列

▶ここからはじめる　「円順列」について学習します。円順列とは，ものを円形に並べるとき，回転して一致するものは同じ並べ方とみなす順列のことをいいます。効率よく円順列の総数を求める方法があるので，きちんと理解して問題を解きましょう。

円順列はある人からみた風景の種類

例えばA, B, C, Dの4人が手をつないで輪の形になるとき，(i)～(iv)は円順列として同じになります。

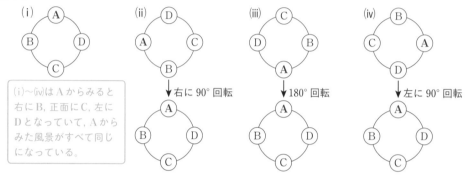

(i)～(iv)はAからみると右にB，正面にC，左にDとなっていて，Aからみた風景がすべて同じになっている。

また，次の2つはAからみた風景が異なるので別の円順列として数えます。

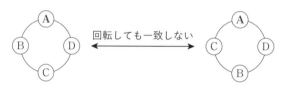

A, B, C, Dの4人の円順列(回転して一致しない並べ方)は，Aからみた風景の種類なので，

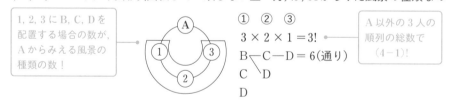

1, 2, 3にB, C, Dを配置する場合の数が，Aからみえる風景の種類の数！

A以外の3人の順列の総数で$(4-1)!$

と求めることができます。一般化すると，**n個の異なるものの円順列の総数**は，ある1つのものからみた風景の種類を数えればよいので，残りの$(n-1)$個のものの順列の総数**$(n-1)!$**となります。

例題

A, B, C, D, Eの5人が円形のテーブルに座るときの座り方は何通りあるか。

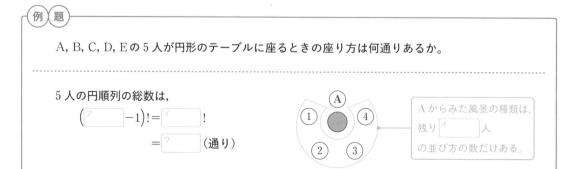

5人の円順列の総数は，

$$\left(\boxed{}-1\right)!=\boxed{}!$$
$$=\boxed{}\text{（通り）}$$

Aからみた風景の種類は，残り$\boxed{}$人の並び方の数だけある。

1 次の場合は全部で何通りあるか。

(1) 男子 4 人，女子 3 人が手をつないで輪を作る。

(2) 異なる 6 色のクレヨンで右の図形に色を塗る。ただし，同じ色のクレヨンを 2 か所に塗ることはできない。

2 3 人の男子 A, B, C と，3 人の女子ア，イ，ウが円卓に座る。

(1) 女子 3 人が連続するような座り方は何通りあるか。

(2) 男子と女子が交互に座るような座り方は何通りあるか。

CHALLENGE 先生 2 人と生徒 4 人が円卓を囲むとき，先生が向かい合う座り方は何通りあるか。

HINT 2 人の先生を A, B として，先生 A からみた風景を考えてみよう。先生 A の向かいには先生 B が座る。

✔ CHECK
08講で学んだこと

□ 円順列はある人からみた風景の種類。
□ n 個の異なるものの円順列の総数は $(n-1)!$ 通りとなる。

09講 組合せは取り出す順番を考えない！

組合せ

▶ ここからはじめる　今回は，組合せについて学習します。「順列」は取り出す順番を区別するのに対して，「組合せ」は取り出す順番を区別しない数え方をします。順列と同様に組合せの計算方法もあるので，使いこなせるように学習していきましょう。

「組合せ」は「何が取り出されたか」にのみ着目した数え方

異なる n 個から r 個取り出す組合せの総数は，$_n\mathrm{C}_r$ という記号で表します。組合せの総数は順列との対応を考えることで求めることができます。

4枚のカード $\boxed{1}$，$\boxed{2}$，$\boxed{3}$，$\boxed{4}$ から3枚を取り出す取り出し方が何通りあるかを考えてみましょう。

組合せ	順列
1, 2, 3 ⟷	123, 132, 213, 231, 312, 321
1, 2, 4 ⟷	124, 142, 214, 241, 412, 421
1, 3, 4 ⟷	134, 143, 314, 341, 413, 431
2, 3, 4 ⟷	234, 243, 324, 342, 423, 432
4 通り	$_4\mathrm{P}_3(=24)$ 通り

> 123，132，213，231，312，321 は順列としては異なるけれど，組合せとしてはどれも同じ。

$_4\mathrm{P}_3$ 通りの順列の中には同じ組合せのものが，選んだ3つの並べ方の3!通りずつ重複していますね。3!通りを1通りとみるときは，3!で割って組合せの総数を求めることができます。よって，今回の求める場合の数 $_4\mathrm{C}_3$ は，

$$_4\mathrm{C}_3=\frac{_4\mathrm{P}_3}{3!}=\frac{4\cdot3\cdot2}{3\cdot2\cdot1}=4（通り）$$

> $_4\mathrm{P}_3$ 通りの中の 3! 通りを1通りとみる。

と求めることができます。

（例）

$$_7\mathrm{C}_4=\frac{_7\mathrm{P}_4}{4!}=\frac{\overbrace{7\cdot6\cdot5\cdot4}^{4個}}{\underbrace{4\cdot3\cdot2\cdot1}_{4個}}=35$$

> 異なる7個の中から4つ選ぶ組合せは，7個から4つ選んで並べた並べ方（$_7\mathrm{P}_4$）のうち4!通りを1通りとみたもの。

例題

1から9までの9個の整数から，異なる3個を選ぶ。

❶ 選び方は何通りあるか。

❷ 奇数だけを選ぶ選び方は何通りあるか。

---

❶ $_{\boxed{ア}}\mathrm{C}_{\boxed{イ}}=\dfrac{\boxed{ウ}\cdot\ \cdot\ }{\boxed{エ}\cdot\ \cdot\ }=\boxed{オ}$（通り）

❷ 9個の整数のうち，奇数は $\boxed{カ}$ 個

よって，奇数だけを選ぶ選び方は，

$_{\boxed{カ}}\mathrm{C}_{\boxed{キ}}=\dfrac{\boxed{ク}\cdot\ \cdot\ }{\boxed{ケ}\cdot\ \cdot\ }=\boxed{コ}$（通り）

1 次の値を求めよ。

(1) $_6C_3$ (2) $_7C_5$ (3) $_5C_1$

2 1 から 20 までの整数から, 異なる 4 個の数字を選ぶ。

(1) すべての選び方は何通りあるか。

(2) 偶数だけを選ぶ選び方は何通りあるか。

(3) 3 の倍数だけを選ぶ選び方は何通りあるか。

CHALLENGE $_nC_r$ を求めよ。また, $_nC_r$ を階乗を使って表せ。

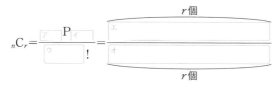

であり, $_nP_r = \dfrac{n!}{(n-r)!}$ であるから,

$$_nC_r = \frac{\boxed{カ}\,!}{\boxed{キ}\,!\,\boxed{ク}\,!}$$

✔ CHECK
09講で学んだこと

☐ 「組合せ」は「何が取り出されたか」にのみ着目した数え方である。
☐ ○通りを 1 通りとみるときは, ○でわる!

10講　硬貨の出方に組合せが使える！
組合せの利用(1)

今回と次の回の 2 回を使って，「組合せ」の典型的な問題をいくつか取り上げたいと思います。典型的な問題を解くことを通して，どのような場面で「組合せ」の考え方が利用できるかを学びつつ，$_nC_r$ の計算にも慣れていきましょう。

POINT 1　硬貨を投げて表が出る出方は，「組合せ」で考えることができる

例　1 枚の硬貨を 5 回投げるとき，表が 3 回出る出方は何通りあるか。

1 回目から 5 回目のうち，表が出る回を 3 個選ぶと考えて，

$$_5C_3 = {}_5C_2 = \frac{5 \cdot 4}{2 \cdot 1} = 10 \text{（通り）}$$

公式　**組合せの性質**

$$_nC_r = {}_nC_{n-r}$$

r が $\dfrac{n}{2}$ より大きいときはこの性質を使い，効率よく計算しよう。

1 回目	2 回目	3 回目	4 回目	5 回目
○	×	○	○	×
○	×	○	×	○
×	○	×	○	○

何通りあるかは，5 か所のうち，どこに○を入れるかであり，どこに×を入れるかでもあるので，
$$_5C_3 = {}_5C_2$$
（表が出る回の選び方）＝（裏が出る回の選び方）

POINT 2　三角形の個数は 3 点の選び方だけある

例　円周上に 8 個の点 A，B，C，D，E，F，G，H がある。この 8 点のうち 3 点を頂点とする三角形は全部で何個あるか。

円周上の 8 個の点はどの 3 点も同じ直線上にはないから，8 個の点から 3 個の点を選んで結ぶと三角形が 1 つできる。
　よって，三角形の総数は，

$$_8C_3 = \frac{8 \cdot 7 \cdot 6}{3 \cdot 2 \cdot 1} = 56 \text{（個）}$$

三角形の個数は点の選び方の総数と等しい！

A, D, G を選ぶ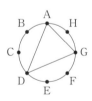

C, D, F を選ぶ

 例題

1　1 枚の硬貨を 5 回投げるとき，表が 2 回出る出方は何通りあるか。
2　円周上に異なる 6 個の点がある。このうち 4 点を結んでできる四角形は全部で何個あるか。

1　5 回のうち表が出る回を 2 個選べばよいので，$_{\boxed{ア}}C_{\boxed{イ}} = \boxed{ウ}$（通り）

2　4 点の選び方の総数だけ四角形を作れるので，

$$_{\boxed{エ}}C_{\boxed{オ}} = {}_{\boxed{エ}}C_{\boxed{エ}-\boxed{オ}} = {}_{\boxed{エ}}C_{\boxed{カ}} = \boxed{キ} \text{（個）}$$

　例題 の解答　ア 5　イ 2　ウ 10　エ 6　オ 4　カ 2　キ 15

1 1枚の硬貨を10回投げるとき，表が8回出る出方は何通りあるか。

2 円周上に異なる12個の点がある。

(1) 3点を選び，それらを頂点とする三角形を作るとき，三角形は全部で何個作れるか。

(2) 4点を選び，それらを頂点とする四角形を作るとき，四角形は全部で何個作れるか。

CHALLENGE　正八角形について，対角線の本数を求めよ。

HINT　（対角線の数）＝（2頂点の選び方）－（辺の数）で求めることができる。

✔ CHECK
10講で学んだこと

□ 表が n 回出る出方は，「組合せ」で考えることができる。
□ 三角形の個数は3点の選び方，四角形の個数は4点の選び方だけある。

11講 男女それぞれから選ぶときにも組合せが利用できる！

組合せの利用(2)

▶ ここからはじめる 今まで学習してきた内容も含めた複合的な問題を取り扱います。今まで学んださまざまな式や法則が，それぞれどのような場面で使えるものなのか，1つ1つていねいに整理していきましょう。

POINT 1 男女それぞれから選ぶときは，（男子の選び方）×（女子の選び方）

例　男子 6 人，女子 4 人の中から，男子 3 人，女子 2 人を選ぶ選び方は何通りあるか。

男子 6 人から 3 人選ぶ選び方は，

$$_6C_3 = \frac{6 \cdot 5 \cdot 4}{3 \cdot 2 \cdot 1} = 20（通り）$$

そのそれぞれに対して，**女子 4 人から 2 人を選ぶ選び方は，**

$$_4C_2 = \frac{4 \cdot 3}{2 \cdot 1} = 6（通り）$$

よって，求める選び方の総数は，積の法則により，

$$_6C_3 \times _4C_2 = 20 \cdot 6 = 120（通り）$$

（男子の選び方）×（女子の選び方）

POINT 2 長方形の個数は，縦から 2 本，横から 2 本を選ぶ

例　下の図のように，5 本の平行線と 4 本の平行線が垂直に交わっている。これらの平行線で囲まれる長方形は何個あるか。

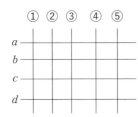

①〜⑤の 5 本の中から 2 本，a〜d の 4 本の中から 2 本選ぶと，長方形が 1 つできる。
よって，長方形の個数は
$$_5C_2 \times _4C_2 = 10 \cdot 6 = 60（個）$$

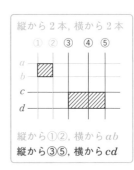

縦から 2 本，横から 2 本

縦から①②，横から ab
縦から③⑤，横から cd

例題

1　1 から 13 までの番号を 1 つずつ書いたカードが 1 枚ずつある。この中から 3 枚選ぶとき，偶数のカードが 2 枚，奇数のカードが 1 枚となる選び方は何通りあるか。

2　右の図のように，6 本の平行線と 5 本の平行線が交わっている。これらの平行線で囲まれる平行四辺形は何個あるか。

1　13 枚のうち，偶数のカードは [ア　] 枚，奇数のカードは [イ　] 枚あるので，

[ア] C [ウ] × [イ] C [エ] = [オ　]（通り）

2　[カ] C [キ] × [ク] C [ケ] = [コ]（個）

演 習

1 先生 4 人，生徒 8 人の中から，先生 2 人，生徒 3 人を選ぶ選び方は何通りあるか。

CHALLENGE　右の図のように 8 本の平行線と 6 本の平行線が長さ 1 の間隔で垂直に交わっているとき，次の問いに答えよ。

(1)　これらの平行線で囲まれる長方形は何個あるか。

(2)　これらの平行線で囲まれる四角形のうち，面積が 4 となるものは何個あるか。

HINT　(2)　面積が 4 となる四角形の形の種類を考えて，場合を分けて数えよう。

✔ CHECK
11講で学んだこと

□ 男女それぞれから選ぶときは，(男子の選び方)×(女子の選び方)
□ 長方形の個数は，縦から 2 本，横から 2 本選ぶ選び方だけある。

12講　区別ありと区別なしを比較して求める！
同じものを含む順列

▶ ここからはじめる　今回は，同じものを含む順列について学習していきます。これまでの順列はすべて異なるものを並べていましたが，並べるものに「同じもの」が含まれているときの順列の総数の求め方を学習していきましょう。

すべて区別した並べ方を同じものの個数の階乗でわる！

例　A, A, A, B, B, C の 6 文字を 1 列に並べるとき，並べ方は何通りあるか。

A 3 個を A_1, A_2, A_3，B 2 個を B_1, B_2 とすべて区別すると，並べ方は 6!＝720 通りになります。

同じ文字を区別した並べ方

番号の区別をなくせば，
この 12 通りの並べ方はすべて
「**AAABBC**」

$A_1A_2A_3B_1B_2C$	$A_2A_1A_3B_1B_2C$	$A_3A_1A_2B_1B_2C$
$A_1A_3A_2B_1B_2C$	$A_2A_3A_1B_1B_2C$	$A_3A_2A_1B_1B_2C$
$A_1A_2A_3B_2B_1C$	$A_2A_1A_3B_2B_1C$	$A_3A_1A_2B_2B_1C$
$A_1A_3A_2B_2B_1C$	$A_2A_3A_1B_2B_1C$	$A_3A_2A_1B_2B_1C$

3!×2!(通り)　　　　　　　　　　　　　　　　1(通り)

このように，6!(＝720)通りの中には番号の区別をなくせば同じになるものが含まれています。今回の場合は，番号の区別をなくしたら同じになるものが，

$(A_1, A_2, A_3 の並べ方)×(B_1, B_2 の並べ方)$

つまり，3!2!(＝12)通りずつあるので，3!2! を 1 通りとみて，区別した場合を 3!2! でわると，区別のない場合を求めることができます。よって，区別がないときの並べ方は，

すべてを区別した
ときの並べ方。　　　　$\dfrac{6!}{3!2!}=\dfrac{6\cdot5\cdot\overset{2}{4}\cdot3!}{3!2\cdot1}=60(通り)$　　　同じものの個数の階乗でわる！
A が 3 個，B が 2 個。

> **公式**　同じものを含む順列
>
> n 個のものがあり，これらのうち，a が p 個，b が q 個，c が r 個，……ある。
>
> これら n 個を 1 列に並べてできる順列の総数は，
>
> $$\dfrac{n!}{p!q!r!\cdots\cdots}(通り)$$
>
> n 個のものをすべて区別した並べ方を，
> 同じものの個数の階乗でわる！
>
> ただし，$p+q+r+\cdots\cdots=n$ である。

例題

1, 1, 2, 2, 2, 2, 3 の 7 個の数字を 1 列に並べてできる 7 桁の整数は何個あるか。

- -

7 個の数字のうち，1 が ｢ア｣ 個，2 が ｢イ｣ 個あるので，

$$\dfrac{\boxed{ウ}}{\boxed{ア}!\boxed{イ}!}=\boxed{エ}(個)$$

演 習

1 (1)　1, 2, 2, 3, 3, 3 の 6 個の数字を 1 列に並べてできる 6 桁の整数は何個あるか。

(2)　KOKOKARA の 8 文字を 1 列に並べてできる文字列は何個あるか。

2 A, B, C, D, E, F, G の 7 文字を 1 列に並べる。A, B, C が左からこの順であり, かつ F, G も左からこの順であるような並べ方は何通りか。

　　A, B, C をすべて□, F, G を〇とすると,

　　□ ⊡ᵃ 個, 〇 ⊡ⁱ 個, D, E の並べ方は,

$$\frac{7!}{\boxed{ア}!\,\boxed{イ}!} = \boxed{ウ} \text{（通り）}$$

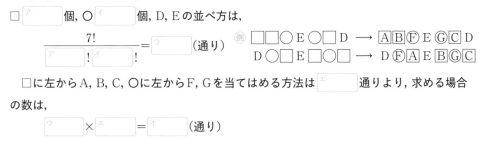
例　□□〇E〇□D　→　ＡＢＦEＧＣD
　　D〇□E□〇□　→　DＦＡEＢＧＣ

　　□に左からA, B, C, 〇に左からF, G を当てはめる方法は ⊡ᵉ 通りより, 求める場合の数は,

$$\boxed{ウ} \times \boxed{エ} = \boxed{オ} \text{（通り）}$$

 **CHALLENGE**　1, 1, 2, 2, 3 の 5 個の数字があるとき, この 5 個の数字のうちの 4 個を 1 列に並べてできる 4 桁の整数は何個あるか。

⌄ᵢ⌄
HINT　1 を何個含むかで場合分けしよう。

 ✔ CHECK
12講で学んだこと

□　すべて区別した並べ方を同じものの個数の階乗でわる！

13講 最短経路は→と↑の並べ方と1対1に対応させる！

道順の問題

 ▶ここからはじめる　ここでは，最短経路の道順について学習します。最短経路の道順が何通りあるかは，目的地までいくつの区画を進めばよいかを数え，同じものを含む順列の計算を用いることで求めることができます。

POINT 最短経路は→と↑の並べ方と1対1に対応させる

例　右図の街路をAからBに行く最短経路は何通りか。

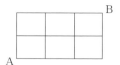

最短経路というのは，「右と上しか進まない」ということです。地道に数えるという方法もありますが，もっと街路が増えたら大変ですね。そこで，計算で求められないかを考えてみましょう！

AからBまでは，右に3区画，上に2区画進めばいいから，「最短経路」は，

$$\boxed{\rightarrow}\ \boxed{\rightarrow}\ \boxed{\rightarrow}\ \boxed{\uparrow}\ \boxed{\uparrow}\ \textbf{を並べる方法}$$

と対応させることができます。

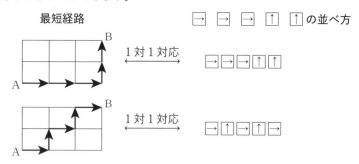

この対応は1対1だから，

「AからBまでの最短経路の総数」＝「$\boxed{\rightarrow}\ \boxed{\rightarrow}\ \boxed{\rightarrow}\ \boxed{\uparrow}\ \boxed{\uparrow}$ の並べ方の数」

が成り立ちます。だから，AからBまでの最短経路は，

$$\frac{5!}{3!2!}=10(通り)$$　◀ $\boxed{\rightarrow}\ \boxed{\rightarrow}\ \boxed{\rightarrow}\ \boxed{\uparrow}\ \boxed{\uparrow}$ の並べ方（XXXYYの並べ方と一緒）。

例題

右のような街路がある。AからCを通ってBへ行くような最短経路は何通りあるか。

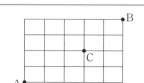

AからCへ行く最短経路は $\dfrac{\boxed{ア}!}{\boxed{イ}!\ \boxed{ウ}!}=\boxed{エ}$（通り），

CからBへ行く最短経路は $\dfrac{\boxed{オ}!}{\boxed{カ}!\ \boxed{キ}!}=\boxed{ク}$（通り）

よって，求める最短経路は，$\boxed{エ}\times\boxed{ク}=\boxed{ケ}$（通り）

演 習

1 右のような街路がある。次のような最短経路は何通りあるか。

(1) AからBへ行く。

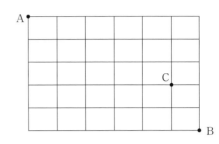

(2) AからCを通ってBへ行く。

CHALLENGE 右のような街路がある。AからPQ間を通らずにBへ行く最短経路は何通りあるか。

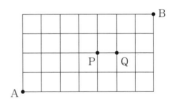

HINT すべての道順からPQ間を通る道順を除く。

✔ CHECK
13講で学んだこと

□ 最短経路の総数は, → 何個かと ↑ 何個かの並べ方の数と1対1対応させることにより求まる。

14講 確率は場合の数の比！

確率

▶ ここからはじめる ここでは「確率」について学習します。確率というのは，「起こりやすさの度合い」を数値化したものです。数値化することで，ある事柄が起こりやすいかどうかを判断することができます。

 事柄 A の起こる確率は，$\dfrac{(事柄\,A\,の起こる場合の数)}{(起こり得るすべての場合の数)}$

> **公式** 〔確率〕
>
> 起こり得るすべての場合が n 通りで，その中で事柄 A が起こる場合が a 通りであるとき，事柄 A が起こる確率は，
>
> $$(事柄\,A\,が起こる確率)=\dfrac{事柄\,A\,が起こる場合の数}{起こり得るすべての場合の数}=\dfrac{a}{n}$$

分数は数の比を表しているので，確率は**場合の数の比**となります。

例 サイコロを 1 回投げたとき，偶数の目が出る確率を求めよ。

サイコロを 1 回投げたときの目の出方は全部で次の 6 通り考えられます。

1 の目	2 の目	3 の目	4 の目	5 の目	6 の目
奇数	偶数	奇数	偶数	奇数	偶数

このうち，偶数となるのは 2, 4, 6 の 3 通りだから，偶数の目が出る事柄を A とすると，

$$(事柄\,A\,が起こる確率)=\dfrac{事柄\,A\,の起こる場合の数}{起こり得るすべての場合の数}=\dfrac{3}{6}=\dfrac{1}{2}$$

このように，確率は場合の数の比であり，偶数の目が出るのは 6 回中 3 回ぐらいの割合，つまり 2 回中 1 回ぐらいの割合で起こるという起こりやすさの度合いを表しています。

また，確率が $\dfrac{1}{2}$ というのは，2 回投げたら「絶対に偶数が 1 回出る」という意味ではないので注意しましょう！

例題

サイコロを 1 回投げたとき，3 の倍数の目が出る確率を求めよ。

- -

サイコロを 1 回投げたときの目の出方は全部で 6 通りあり，3 の倍数となるのは，〔 ア 〕通りある。

したがって，求める確率は $\dfrac{〔イ〕}{6}=\dfrac{〔ウ〕}{〔エ〕}$

演 習

1 1個のサイコロを投げるとき，次の確率を求めよ。

(1) 4 以下の目が出る確率。

(2) 6 の約数の目が出る確率。

2 次の事柄 $A \sim C$ のうち，もっとも起こりやすい（確率が大きい）ものはどれか。

A：1 枚のコインを投げるとき，表が出る。
B：サイコロを投げるとき，5 以上の目が出る。
C：1 から 7 の数字が書かれた玉が入っている袋から 1 つ取り出すとき，奇数である。

✔ CHECK
14講で学んだこと

□ 確率は「起こりやすさの度合い」を数値化したもの。
□ 事柄 A が起こる確率 $= \dfrac{\text{事柄 } A \text{ が起こる場合の数}}{\text{起こり得るすべての場合の数}}$ （場合の数の比）

15講　何かをすることが「試行」，その結果起こる事柄が「事象」！

試行と事象

▶ ここからはじめる　ここでは，「試行と事象」について学習します。サイコロを投げるとき，1 〜 6 の目のどれかが出ます。このように，サイコロを投げるなどの実験を試行，その結果を事象といいます。ここでは，試行と事象について理解を深めましょう！

POINT 1 何かをすることが「試行」，その結果起こる事柄が「事象」

「サイコロを振る」，「コインを投げる」のように何かをすることを**試行**といいます。
「3 の目が出る」，「表が出る」などの試行の結果として起こる事柄を**事象**といいます。

例

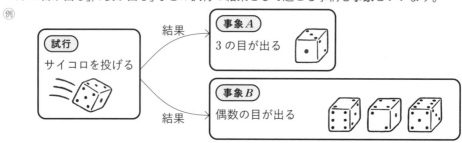

　偶数が出るという事象 B は，「2 の目が出る」「4 の目が出る」「6 の目が出る」と分けることができるのに対して，事象 A というのはこれ以上分けることができません。
　事象 A のように，1 個の要素だけからなる事象を**根元事象**といい，根元事象全体からなる事象を**全事象**といいます。

POINT 2 事象は集合の記号で表す

　事象は集合の記号で表します。
　上の例において全事象を U とすると，

$$U=\{1, 2, 3, 4, 5, 6\}, A=\{3\}, B=\{2, 4, 6\}$$

となります。

　また，集合のときと同様に，右の図のように事象をベン図を使って表すこともあります。

> 上の例のサイコロを投げる試行において，「1 の目が出る」ことを単に「1」で表すことにする。

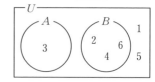

例題

　2 枚の硬貨 A, B を投げて，表，裏を調べる試行について，投げた結果が A が表，B が裏であることを（表，裏）で表すことにする。
❶ この試行の根元事象と全事象を集合で表せ。
❷ 少なくとも 1 枚は表が出る事象を集合で表せ。

- -

❶ 根元事象：$\{(表, 表)\}$, $\{(表, \boxed{})\}$, $\{(裏, \boxed{})\}$, $\{(裏, \boxed{})\}$

　全事象：$\{\boxed{}, \boxed{}, \boxed{}, \boxed{}\}$

❷ $\{\boxed{}, \boxed{}, \boxed{}\}$

　例題の解答　ア裏　イ表　ウ裏　エ(表,表)　オ(表,裏)　カ(裏,表)　キ(裏,裏)　ク(表,表)　ケ(表,裏)　コ(裏,表)

1 1個のサイコロを投げるという試行について次の事象を考える。

A：奇数の目が出る　　B：2の目が出る　　C：3の目が出ない

(1)　全事象および事象$A \sim C$を集合で表せ。

(2)　事象$A \sim C$のうち根元事象はどれか。

2 3枚の硬貨A, B, Cを投げて, 表, 裏を調べる試行について, 例えば投げた結果が, 「Aが表, Bが裏, Cが裏」であることを(表, 裏, 裏)で表すことにする。

(1)　この試行の全事象を集合で表せ。

(2)　少なくとも2枚は裏が出る事象を集合で表せ。

CHALLENGE　2つのサイコロA, Bを投げて, 出た目の数を調べる試行について, 出た目がそれぞれa, bであることを(a, b)で表すとする。

(1)　根元事象の数を求めよ。

(2)　出た目の和が4以下になる事象を集合で表せ。

HINT　(2)　出た目の和が2, 3, 4の場合それぞれについて考えよう。

✓ **CHECK**
15講で学んだこと

□ 何かをすることを「試行」, その結果を「事象」という。
□ 1個の要素だけからなる事象を根元事象, 根元事象全体を全事象という。
□ 事象は集合の記号で表す。

16講　確率を求めるときは，みた目は同じでもすべて区別して考える！
同様に確からしい

▶ ここからはじめる　ここでは，「同様に確からしい」について学習します。サイコロを振ると目の出方は6通りですが，これらの目の出やすさはすべて同じです。このことを確率の言葉で同様に確からしいといい，これは確率を考えるとき大変重要になります。

 確率を求めるときは，みた目が同じものでも区別して考える

　サイコロを振ることを考えると，どれか1つの目が出やすかったり，出にくかったりすることはありません。このように，いくつかの事象について起こりやすさがどれも同じであることを，**同様に確からしい**といいます。

例　白玉2個，赤玉3個が入った袋から，玉を1つ取り出すとき，赤玉を取り出す確率を求めよ。

　まず，取り出す玉は「赤玉」「白玉」の2通りだから，確率は$\frac{1}{2}$とするのは

間違いです！　実際に，袋の中には赤玉の方が多くあるので，赤玉の方が取り出しやすいはずですね。つまり，赤玉が出ることと，白玉が出ることは**同様に確からしくない**ということです。確率を求めるときは，基本的に，

みた目が同じものでもすべて区別

してすべての玉の取り出され方を同様に確からしくして考えます。

　3個の赤玉を赤$_1$，赤$_2$，赤$_3$，2個の白玉を白$_1$，白$_2$と区別すれば，どの玉も取り出しやすさは同じ（起こりやすさは同じ）になります。
　起こり得るすべての場合の数は赤$_1$，赤$_2$，赤$_3$，白$_1$，白$_2$の5通り。このうち，赤玉が取り出される場合の数は赤$_1$，赤$_2$，赤$_3$の3通り。よって，赤玉を取り出す確率は，

$$\frac{赤玉が取り出される場合の数}{起こり得るすべての場合の数}=\frac{3}{5}$$

となります。このように，確率を求めるときは「みた目が同じものでも区別して考える」ことがポイントです。

例題

2枚の硬貨を同時に投げるとき，1枚は表，1枚は裏が出る確率を求めよ。

2枚の硬貨を区別してA，Bとする。樹形図は下のようになる。

A　　　　B

表　<　表
　　　　ア

裏　<　イ
　　　　ウ

これら4通りは同様に確からしい。

このうち，1枚は表，1枚は裏が出るのは エ　通り

したがって，求める確率は$\frac{オ}{4}=\frac{カ}{キ}$

例題の解答　ア裏　イ表　ウ裏　エ2　オ2　カ1　キ2

演習

1 3枚の硬貨を同時に投げるとき, 2枚は表, 1枚は裏が出る確率を求めよ。

2 2つのサイコロを同時に投げるとき, 出た目の和が3の倍数になる確率を求めよ。

CHALLENGE 白玉2個, 赤玉3個が入った袋から, 2個の玉を同時に取り出すとき, 少なくとも1個は白玉を取り出す確率を求めよ。

HINT 玉を区別して考えて, 樹形図を使ってすべての場合を書き出そう！

✔ CHECK
16講で学んだこと

□ 起こりやすさが同じであることを, 同様に確からしいという。
□ 確率を求めるときは, みた目が同じものでも区別して考える。

17講 順列や組合せを利用！
確率の計算

▶ ここからはじめる 今回は，「確率の計算」について学習しましょう！　確率は場合の数の比なので，場合の数で学習した考え方や公式を利用して確率を求めることができます。ここでは，順列や組合せを利用して確率を求めてみましょう！

POINT 1 順列を利用した確率

例　男子 3 人，女子 2 人の合計 5 人が，無作為に 1 列に並ぶ。
(1)　女子 2 人が隣り合う確率を求めよ。
(2)　両端に男子がくる確率を求めよ。

ひとかたまり

5 人を 1 列に並べる順列の総数は，5! 通り

(1)　女子 2 人が隣り合うような並び方は，まず女子 2 人をひとかたまり（女子とする）と考えると，4 人の並び方は 4! 通り

それぞれについて，女子 2 人の並び方は 2! 通りだから，女子 2 人が隣り合う並び方は 4!×2! 通り

よって，求める確率は，

$$\frac{4! \times 2!}{5!} = \frac{4! \times 2 \cdot 1}{5 \times 4!} = \frac{2}{5}$$

$$\underline{4} \times \underline{3} \times \underline{2} \times \underline{1} \times \underline{2} \times \underline{1}$$
男₁　男₂　男₃　女子　女₁　女₂
男₂　男₃　女子　　　　女₂
男₃　女子
女子

(2)　両端にくる男子の並び方は，両端の並び方が ₃P₂ 通りであり，そのそれぞれに対して，両端以外の並び方が 3! 通りずつあるから，₃P₂×3! 通り

よって，求める確率は，

$$\frac{{}_3P_2 \times 3!}{5!} = \frac{3 \cdot 2 \times 3!}{5 \cdot 4 \cdot 3!} = \frac{3}{10}$$

> かけ算を計算する前に約分する。

条件がある両端から決める！
男子の並び方は ₃P₂ 通り

男 ○○○ 男

残りの男子 1 人と女子 2 人の並び方は 3! 通り

POINT 2 組合せを利用した確率

例　白玉 2 個，赤玉 3 個が入った袋から同時に 3 個の玉を取り出すとき，白玉 1 個，赤玉 2 個である確率を求めよ。

すべての玉を区別あるものとして考えると，5 個の玉から 3 個の玉を取り出す組合せは，₅C₃ 通り

> 確率ではみた目が同じものでも区別する。

白玉 2 個から 1 個を取り出す取り出し方は ₂C₁ 通りであり，そのそれぞれについて赤玉 3 個から 2 個を取り出す取り出し方は ₃C₂ 通りあるから，白玉 1 個，赤玉 2 個の取り出し方は ₂C₁×₃C₂ 通り

よって，求める確率は，

$$\frac{{}_2C_1 \times {}_3C_2}{{}_5C_3} = \frac{2 \times 3}{5 \times 2} = \frac{3}{5}$$

> かけ算を計算する前に約分する。

演習

1 男子 4 人, 女子 3 人の合計 7 人が無作為に 1 列に並ぶとき, 次の確率を求めよ。

(1) 女子 3 人が隣り合う確率。

(2) 男子が両端にくる確率。

2 白玉 3 個, 赤玉 2 個, 青玉 1 個が入った袋から同時に 3 個の玉を取り出すとき, 次の確率を求めよ。

(1) 白玉 1 個, 赤玉 2 個である確率。

(2) 白玉 1 個, 赤玉 1 個, 青玉 1 個である確率。

CHALLENGE ⓪, ①, ②, ③, ④の 5 枚のカードから 3 枚のカードを無作為にとって 1 列に並べ, 整数を作る。ただし, ⓪①②などは 12 を表すものとする。このとき, できた整数が 200 以上となる確率を求めよ。

HINT 百の位から考えよう！

✔ **CHECK** 17講で学んだこと

□ 確率は場合の数の比だから, 順列や組合せの計算を利用して確率を求める。

18講 ある事象が同時に起こらないとき，たすことで確率が求まる！
確率の加法定理

▶ ここからはじめる　今回は，「確率の加法定理」について学びましょう。求める事象を同時に起こらない事象 A, B に分け，事象 A が起こる確率と事象 B が起こる確率をたすことで求める事象の確率を求めます。

 ## 事象 A, B が排反のとき，$P(A \cup B) = P(A) + (B)$

2つの事象 A, B について，A, B が<u>同時に起こらない</u>とき，A, B は**排反である**，または**排反事象である**といい，$A \cap B = \varnothing$ です。例えば，コインを1回投げて「表が出る」ことと「裏が出る」ことは排反です。

事象 A に含まれる根元事象の数を $n(A)$，事象 A が起こる確率を $P(A)$ と表します。つまり，全事象を U とすると，$P(A) = \dfrac{n(A)}{n(U)}$ となります。

全事象 U の中に排反な事象 A, B があるとき，$A \cap B = \varnothing$ より場合の数の和の法則

$$n(A \cup B) = n(A) + n(B)$$

が成り立ちます。この両辺を $n(U)$ で割ると，

$$\frac{n(A \cup B)}{n(U)} = \frac{n(A)}{n(U)} + \frac{n(B)}{n(U)}$$

よって，

$$P(A \cup B) = P(A) + P(B) \,(確率の加法定理)$$

が成り立ちます。

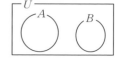

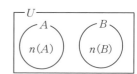

$\dfrac{n(A \cup B)}{n(U)} = P(A \cup B),$

$\dfrac{n(A)}{n(U)} = P(A), \dfrac{n(B)}{n(U)} = P(B)$

例題

白玉2個，赤玉3個が入った袋の中から2個の玉を同時に取り出すとき，白玉が1個以上含まれている確率を求めよ。

すべての玉を区別して考える。5個の玉から2個取り出す場合の数は，

$$_5C_2 = \boxed{^{ア}} \,(通り)$$

事象 A を白玉を1個だけ取り出す，事象 B を白玉を2個だけ取り出すとすると，事象 A が起こるのは，$_2C_1 \times {}_{\boxed{^{イ}}}C_1 = \boxed{^{ウ}}$（通り），事象 B が起こるのは，$_{\boxed{^{エ}}}C_2 = \boxed{^{オ}}$（通り）である。

$$P(A) = \frac{\boxed{^{ウ}}}{\boxed{^{ア}}}, \quad P(B) = \frac{\boxed{^{オ}}}{\boxed{^{ア}}}$$

求める確率は $P(A \cup B)$ であり A, B は排反であるから，

$$P(A \cup B) = P(A) + P(B) = \frac{\boxed{^{ウ}}}{\boxed{^{ア}}} + \frac{\boxed{^{オ}}}{\boxed{^{ア}}} = \frac{\boxed{^{カ}}}{\boxed{^{キ}}}$$

1 次の事象 A, B について A と B が排反であるのは①, ②, ③のうちどれか。

① 1個のサイコロを投げる試行において, A:偶数の目が出る, B: 3 の倍数の目が出る, としたとき。

② トランプを 1 枚引く試行において, A:ハートが出る, B:ダイヤが出る, としたとき。

③ コインを 2 枚投げる試行において, A: 2 枚とも表が出る, B:少なくとも 1 枚が表, としたとき。

2 当たりくじ 3 本を含む 6 本のくじから同時に 3 本引くとき, 当たりを 2 本以上引く確率を求めよ。

CHALLENGE 白玉 4 個, 赤玉 3 個, 青玉 2 個が入った袋から同時に 4 個の玉を取り出すとき, 取り出される玉の色の種類が 3 種類となる確率を求めよ。

> HINT (白の個数, 赤の個数, 青の個数)としたとき, 玉の色が 3 種類となるのは(2, 1, 1), (1, 2, 1), (1, 1, 2)のいずれかになるので, 場合分けをして考えよう。

✔ CHECK
18講で学んだこと

☐ 事象 A, B が同時に起こらないとき, A, B は排反であるという。
☐ 全事象 U の中の排反な事象 A, B について, $P(A \cup B) = P(A) + P(B)$

19講 「でない方」を考えて, ある事象が起こる確率を求める！

余事象の確率

▶ ここからはじめる　今回は，「余事象の確率」について学習しましょう。場合の数のときに，「でない方」を数えて全体から引くことを考えました。確率でも「A が起こらない」確率を求めることで，簡単に「A が起こる」確率を求める事ができます！

POINT 1 確率は 0 以上 1 以下

全事象 U の中に事象 A が含まれるとき，事象 A に含まれる根元事象の数 $n(A)$ は $0 \leq n(A) \leq n(U)$ となります。

この各辺を $n(U)$ で割れば，

$$0 \leq \frac{n(A)}{n(U)} \leq \frac{n(U)}{n(U)} \quad \text{すなわち,} \quad 0 \leq P(A) \leq 1$$

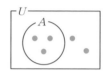

（例）$n(U)=5$, $n(A)=3$ のとき,
$0 \leq 3 \leq 5$ であり，
$$0 \leq \frac{3}{5} \leq 1$$

POINT 2 （事象 A が起こらない確率）＝1－（事象 A が起こる確率）

事象 A について，「A が起こらない」という事象を A の**余事象**といい，$\overline{A}$ で表します。補集合の要素の個数について，

$$n(\overline{A}) = n(U) - n(A)$$

が成り立つので，両辺を $n(U)$ で割ると，

$$\frac{n(\overline{A})}{n(U)} = \frac{n(U)}{n(U)} - \frac{n(A)}{n(U)}$$

$$P(\overline{A}) = 1 - P(A)$$

$\dfrac{n(\overline{A})}{n(U)} = P(\overline{A})$,

$\dfrac{n(A)}{n(U)} = P(A)$

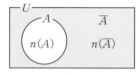

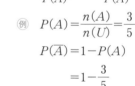

（例）$P(A) = \dfrac{n(A)}{n(U)} = \dfrac{3}{5}$

$P(\overline{A}) = 1 - P(A)$

$= 1 - \dfrac{3}{5}$

$= \dfrac{2}{5}$

つまり，

（事象 A が起こらない確率）＝1－（事象 A が起こる確率）

また，これより次も成り立ちます。

（事象 A が起こる確率）＝1－（事象 A が起こらない確率）

例題

当たりくじ 3 本を含む 7 本のくじの中から同時に 3 本引くとき，少なくとも 1 本が当たる確率を求めよ。

すべてのくじを区別して考える。

7 本から同時に 3 本引く場合の数は，$_7C_3 = \boxed{}^{\text{ア}}$（通り）

「少なくとも 1 本が当たる」事象は「3 本ともはずれである」事象の

余事象であり，3 本ともはずれである確率は，$\dfrac{_{\boxed{}^{\text{イ}}}C_3}{\boxed{}^{\text{ア}}} = \dfrac{\boxed{}^{\text{ウ}}}{\boxed{}^{\text{ア}}}$

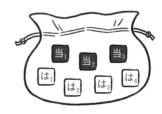

よって，求める確率は，$\boxed{}^{\text{エ}} - \dfrac{\boxed{}^{\text{ウ}}}{\boxed{}^{\text{ア}}} = \dfrac{\boxed{}^{\text{オ}}}{\boxed{}^{\text{カ}}}$

1 赤玉 5 個, 白玉 2 個が入った袋から同時に 3 個の玉を取り出すとき, 少なくとも 1 個は白玉を取り出す確率を求めよ。

2 3 枚の硬貨を投げるとき, 少なくとも 1 枚は表が出る確率を求めよ。

CHALLENGE サイコロを 2 回投げたとき, 出た目の積が 3 以上になる確率を求めよ。

ˎˋ/
HINT 目の積が 3 以上となるのはたくさんあるので, 余事象を考えてみよう。

✔ CHECK
19 講で学んだこと

☐ 事象 A について, A が起こらない事象 $\overline{A}$ を A の余事象という。
☐ 事象 A の余事象 $\overline{A}$ の確率は, $P(\overline{A}) = 1 - P(A)$

20講　独立試行の確率は, それぞれの確率の積で求められる！

独立試行の確率

▶ ここからはじめる　今回は,「独立試行の確率」について学習しましょう。ここまで, 確率の和や差を利用して確率を求めてきましたが,「確率の積」でも求められる場合があります。どのようなときに確率の積によって確率を求められるか学びましょう！

POINT

独立な試行の確率はそれぞれの確率の積で求めることができる！

1枚のコインを投げた後, 1個のサイコロを投げるとき, コインが表と裏のどちらが出ても, サイコロの出る目にはまったく影響しません。このように, 2つの試行が互いに他方の結果に影響を与えないとき, これらの試行は「独立である」といいます。

例　1枚のコインを投げた後, 1個のサイコロを投げるとき, コインが表, サイコロは3の倍数の目が出る確率を求めよ。

コインを投げる試行の全事象をU, サイコロを投げる試行の全事象をVとすると, 起こり得るすべての場合は　$n(U) \times n(V) = 2 \times 6 = 12$(通り)
コインを投げて表が出る事象をAとすると, $n(A) = 1$
サイコロを投げて3の倍数の目が出る事象をBとすると, $n(B) = 2$
よって, コインが表, サイコロは3の倍数の目が出る場合の数は,

$$n(A) \times n(B) = 1 \times 2 = 2\text{(通り)}$$

求める確率をPとすると, $P = \dfrac{n(A) \times n(B)}{n(U) \times n(V)} = \dfrac{2}{12} = \dfrac{1}{6}$ となります。

ここで, $P = \dfrac{n(A) \times n(B)}{n(U) \times n(V)} = \dfrac{n(A)}{n(U)} \times \dfrac{n(B)}{n(V)}$

とみると, 求める確率は,

$$P = (A \text{が起こる確率}) \times (B \text{が起こる確率})$$

と等しいことがわかります。
このように, **独立な試行の確率**は, それぞれの確率の積で求めることができます。

影響なし！

コイン	サイコロ
表	1 2 ⋮ 6
裏	1 2 ⋮ 6

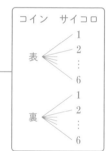

例題

赤玉3個, 白玉2個が入っている袋Aと, 赤玉2個, 白玉3個が入っている袋Bがあり, 2つの袋から1個ずつ玉を取り出すとき, 2つとも赤玉である確率を求めよ。

- - - - - - - - - - -

Aの袋から赤玉を取り出す確率を$P(A)$, Bの袋から赤玉を取り出す確率を$P(B)$とすると, Aの袋から玉を取り出す試行と, Bの袋から玉を取り出す試行は $\boxed{^{ア}}$ だから, 求める確率は,

$$P(A) \times P(B) = \frac{\boxed{^{イ}}}{\boxed{^{ウ}}} \times \frac{\boxed{^{エ}}}{\boxed{^{オ}}} = \frac{\boxed{^{カ}}}{\boxed{^{キ}}}$$

A

B

1 1枚のコインと1個のサイコロを投げるとき，コインは表が出てサイコロは奇数の目が出る確率を求めよ。

2 当たりくじ4本を含む10本のくじがあり，A，Bの2人がこの順でくじを1本ずつ引く。ただし，引いたくじはもとに戻すものとする。このとき，AもBも当たる確率を求めよ。

CHALLENGE Aの袋に赤玉4個，白玉6個が，Bの袋に赤玉5個，白玉3個が入っている。A，Bの袋から玉を1個ずつ取り出すとき，取り出した2個の玉が同じ色である確率を求めよ。

HINT 「2個とも赤玉を取り出すとき」と「2個とも白玉を取り出すとき」を考えよう！

✔ CHECK 20講で学んだこと

□ 2つの試行が互いに他方の結果に影響を与えないとき「独立である」という。
□ 独立な試行の確率は，それぞれの確率の積で求められる！

21講　反復試行の確率は，並べ方個分のサンプルの確率をたす！
反復試行の確率

▶ ここからはじめる　独立試行の中でも特に，同じ条件下でくり返し行われる試行を「反復試行」といいます。サイコロやコインをくり返し投げる試行のほか，くじや袋の中の玉を取り出すたびにもとに戻す試行などが，これにあたります。

反復試行の確率は（並べ方）×（サンプルの確率）！

例　A君とB君が試合をすると，A君が勝つ確率が $\dfrac{2}{3}$，B君が勝つ確率が $\dfrac{1}{3}$ である。この試合を3回行ったとき，A君が2回勝つ確率を求めよ。

A君の勝ちを◎，負けを×とすると，3回の試合で2回勝つのは右の表のようになります。
A君が2回勝つのは全部で**3パターン**あります。これは，

◎◎×の並べ方

1試合目	2試合目	3試合目	確率
◎	◎	×	$\dfrac{2}{3}\times\dfrac{2}{3}\times\dfrac{1}{3}=\left(\dfrac{2}{3}\right)^2\left(\dfrac{1}{3}\right)$
◎	×	◎	$\dfrac{2}{3}\times\dfrac{1}{3}\times\dfrac{2}{3}=\left(\dfrac{2}{3}\right)^2\left(\dfrac{1}{3}\right)$
×	◎	◎	$\dfrac{1}{3}\times\dfrac{2}{3}\times\dfrac{2}{3}=\left(\dfrac{2}{3}\right)^2\left(\dfrac{1}{3}\right)$

の $\dfrac{3!}{2!}=3$（通り）と考えることができます。そしてどのパターンも起こる確率は同じで $\left(\dfrac{2}{3}\right)^2\times\left(\dfrac{1}{3}\right)$ です。A君が2回勝つ確率は $\left(\dfrac{2}{3}\right)^2\times\left(\dfrac{1}{3}\right)$ を $\dfrac{3!}{2!}$ 個分たせばよく，

$$\underset{\text{◎◎×の並べ方}}{\dfrac{3!}{2!}}\times\underset{\text{サンプルの確率}}{\left(\dfrac{2}{3}\right)^2\left(\dfrac{1}{3}\right)}=\dfrac{4}{9}$$

> ある1つのパターンが起こる確率を「サンプルの確率」とよぶことにするよ。

反復試行の確率は，並べ方個分のサンプルの確率をたすことで求めることができます。
よって，反復試行の確率は次のように求めることができます。

（並べ方）×（サンプルの確率）

例題

赤玉2個，白玉1個が入った袋から玉を1個取り出してもとに戻す操作を4回行う。このとき，赤玉を2回，白玉を2回取り出す確率を求めよ。

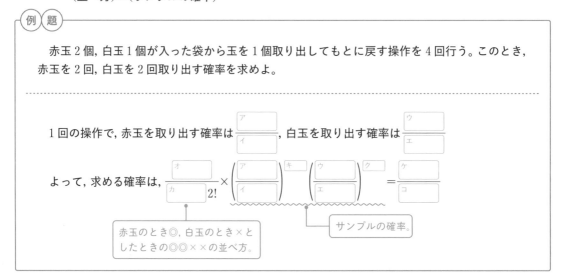

1回の操作で，赤玉を取り出す確率は $\dfrac{\boxed{ア}}{\boxed{イ}}$，白玉を取り出す確率は $\dfrac{\boxed{ウ}}{\boxed{エ}}$

よって，求める確率は，$\dfrac{\boxed{オ}}{\boxed{カ}\,2!}\times\left(\dfrac{\boxed{ア}}{\boxed{イ}}\right)^{\boxed{キ}}\left(\dfrac{\boxed{ウ}}{\boxed{エ}}\right)^{\boxed{ク}}=\dfrac{\boxed{ケ}}{\boxed{コ}}$

> 赤玉のとき◎，白玉のとき×としたときの◎◎××の並べ方。

> サンプルの確率。

例題の解答　ア 2　イ 3　ウ 1　エ 3　オ 4!　カ 2!　キ 2　ク 2　ケ 8　コ 27

1 赤玉 4 個, 白玉 2 個が入った袋から玉を 1 個取り出してもとに戻す操作を 4 回行う。このとき, 赤玉が 3 回出る確率を求めよ。

2 コインを 5 回投げるとき, 表が 2 回, 裏が 3 回出る確率を求めよ。

CHALLENGE　赤玉 3 個, 白玉 2 個, 青玉 1 個が入った袋から玉を 1 個取り出してもとに戻す操作を 5 回行う。このとき, 赤玉が 2 回, 白玉が 2 回, 青玉が 1 回出る確率を求めよ。

HINT　赤玉が出る事象を◎, 白玉が出る事象を×, 青玉が出る事象を△として, ◎, ◎, ×, ×, △を 1 列に並べる並べ方を考えよう!

✔ CHECK
21講で学んだこと

□ 独立試行の中でも, 特に同じ条件下でくり返し行われる試行を「反復試行」という。
□ 反復試行の確率は, (並べ方)×(サンプルの確率)

22講 ある事象を全事象ととらえたときの確率！
条件付き確率

▶ ここからはじめる　今回は、「条件付き確率」について学びましょう。条件付き確率とは事象Aが起こった条件のもとで事象Bが起こる確率のことです。今までとの違いは全事象をAとして考えることです。

POINT 条件付き確率 $P_A(B) = \dfrac{P(A \cap B)}{P(A)}$

事象Aが起こった条件のもとで事象Bが起こる確率を、Aが起こったときにBが起こる**条件付き確率**といい、$P_A(B)$と表します。

例　1, 2, 3 の番号がついた赤玉が 1 個ずつと 1, 2 の番号がついた白玉が 1 個ずつ入っている袋から 1 個の玉を取り出すとき、取り出した玉の色が赤である事象をA、取り出した玉の数字が奇数である事象をBとするとき、$P_A(B)$を求めよ。

「事象Aの条件のもと、事象Bが起こる条件付き確率」は「取り出した玉の色が赤色という条件のもとで、その玉が奇数である確率」です。つまり、全事象が事象Aになりその中で事象Bが起こる確率を考えることになります。したがって、

$$P_A(B) = \frac{n(A \cap B)}{n(A)} = \frac{2}{3}$$

分母 $n(A)$　分子 $n(A \cap B)$

このように、条件付き確率は $P_A(B) = \dfrac{n(A \cap B)}{n(A)}$ で求められます。なお、$n(A)$, $n(A \cap B)$ より $P(A)$, $P(A \cap B)$ の方が求めやすいときは、

$$P_A(B) = \frac{P(A \cap B)}{P(A)}$$

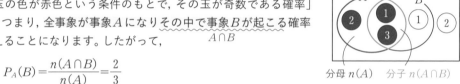

$$P_A(B) = \frac{n(A \cap B)}{n(A)} = \frac{\dfrac{n(A \cap B)}{n(U)}}{\dfrac{n(A)}{n(U)}} = \frac{P(A \cap B)}{P(A)}$$

で求めます。

例題

ある試験を行ったところ、全体の 65% が合格し、全体の 30% が男子の合格者であった。合格者の中から無作為に 1 人選ぶとき、その人が男子である確率を求めよ。

- -

選ばれた人が合格者である事象をA、選ばれた人が男子である事象をBとすると、

$$P(A) = \frac{\boxed{}^{ア}}{100}, \quad P(A \cap B) = \frac{\boxed{}^{イ}}{100} \text{であるから、}$$

$$P_A(B) = \frac{P(A \cap B)}{P(A)} = \frac{\dfrac{\boxed{}^{イ}}{100}}{\dfrac{\boxed{}^{ア}}{100}} = \frac{\boxed{}^{イ}}{\boxed{}^{ア}} = \frac{\boxed{}^{ウ}}{\boxed{}^{エ}}$$

演習

1 2個のサイコロを同時に投げるとき, 事象A, Bをそれぞれ
　　A: 2つの目の数がともに3以下
　　B: 2つの目の積が4以下
とする。このとき, Aが起こったときにBが起こる条件付き確率$P_A(B)$を求めよ。

2 ある学校での通学方法について調べたところ, 75%の生徒が自転車を利用しており, 45%の生徒が自転車と電車を利用している。自転車を利用している生徒を無作為に1人選ぶとき, その人が電車を利用している確率を求めよ。

CHALLENGE　男子60人, 女子40人の生徒100人に勉強が好きか嫌いか聞いたところ, 好きと答えた生徒は45人でそのうち男子は30人であった。また, 好きでも嫌いでもないという回答はないとする。次の表のア〜エを埋めよ。また, この中から無作為に選ばれた1人が男子であるとき, 勉強が嫌いである確率を求めよ。

	男子	女子	合計
好き	30	ア	45
嫌い	イ	ウ	エ
合計	60	40	100

✔ CHECK
22講で学んだこと

□ 事象Aが起こった条件のもとで事象Bが起こる条件付き確率
$$P_A(B) = \frac{n(A \cap B)}{n(A)} = \frac{P(A \cap B)}{P(A)}$$

23講 独立でない試行におけるいろいろな確率を求めよう！
確率の乗法定理

▶ ここからはじめる　今回学習する「確率の乗法定理」は，前回学んだ条件付き確率の公式を変形して得られる定理です。今回学ぶ乗法定理を使うと，独立でない試行におけるいろいろな確率が求められるようになります。

乗法定理 $P(A \cap B) = P(A) \times P_A(B)$

条件付き確率の式 $P_A(B) = \dfrac{P(A \cap B)}{P(A)}$ の両辺に $P(A)$ をかけると，

$$P(A \cap B) = P(A) \times P_A(B) （確率の乗法定理）$$

が得られます。$P_A(B)$ のような**条件付き確率が求めやすいとき**，この公式を利用します。

例　当たりくじ 2 本を含む 5 本のくじが袋の中に入っている。この袋から X さんがくじを引きそのくじを袋に戻さないで，次に Y さんがくじを引く。このとき，X さんも Y さんも当たりを引く確率を求めよ。

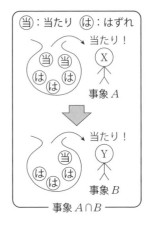

X さんが当たりを引く事象を A，Y さんが当たりを引く事象を B とすると，求める確率は $P(A \cap B)$ になります。まず，$P(A)$ は

$$P(A) = \frac{2}{5}$$

$P_A(B)$ は，X さんが当たりを引いたもとで，Y さんが当たりを引く確率になります。つまり Y さんが当たり 1 本はずれ 3 本のくじから当たりを引く確率となるので，簡単に求めることができて，

$$P_A(B) = \frac{1}{4}$$

確率の乗法定理より，$P(A \cap B) = P(A) \times P_A(B) = \dfrac{2}{5} \times \dfrac{1}{4} = \dfrac{1}{10}$

例題

赤玉 4 個，白玉 3 個の入った袋の中から，玉を 1 個ずつもとに戻さず取り出すとき，1 回目に赤玉，2 回目に白玉を引く確率を求めよ。

. . . .

1 回目に赤玉を取り出す事象を A，2 回目に白玉を取り出す事象を B とするとき，求める確率は $P(A \cap B)$ である。

事象 A が起こった条件のもと事象 B が起こる確率は，赤玉 $\boxed{}^{ア}$ 個，白玉 $\boxed{}^{イ}$ 個が入った袋から白玉を引く確率だから，$P_A(B) = \dfrac{\boxed{}^{ウ}}{6}$

したがって，$P(A \cap B) = P(A) \times P_A(B) = \dfrac{\boxed{}^{エ}}{\boxed{}^{オ}} \times \dfrac{\boxed{}^{ウ}}{6} = \dfrac{\boxed{}^{カ}}{\boxed{}^{キ}}$

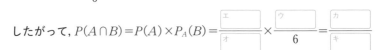

1 当たりくじ5本を含む15本のくじが袋の中に入っている。この袋からX, Yの2人が順に1本ずつくじを引く。引いたくじはもとに戻さないとき，XもYも当たりを引く確率を求めよ。

2 赤玉5個，白玉4個が入った袋の中から，玉を1個ずつもとに戻さず取り出すとき，1回目に白玉，2回目に赤玉が出る確率を求めよ。

CHALLENGE 当たりくじを3本含む10本のくじがある。X, Yの2人がこの順で1本ずつくじを引くとき，Yが当たりを引く確率を求めよ。

\ ¦ /
HINT Yが当たりを引くのは，[ア]X:当たり→Y:当たり，[イ]X:はずれ→Y:当たりの2パターンあるね。さらに[ア]と[イ]は互いに排反だよ。

✔ **CHECK**
23講で学んだこと

□ 確率の乗法定理：$P(A \cap B) = P(A) \times P_A(B)$

24講　確率を使って平均を求める！

期待値

▶ ここからはじめる　今回は，「期待値」について学習します。例えば宝くじの賞金のように，とり得る値に対して確率のともなうものがあります。そのようなとき，1回の試行で「とると期待される値」が期待値です。まずは具体的な例からみていきましょう。

POINT

期待値は「変量の値×確率」の総和

　右の表のような合計100本のくじを考えます。

　このくじを1本引くとき，どのくらいの賞金が期待できるか計算してみましょう。つまり，1本あたり平均いくらの賞金がついているかなので，

　　　（賞金の総額）÷（本数）

で求めることができます。

	賞金（円）	本数（本）
1等	5000	1
2等	1000	3
3等	100	16
ハズレ	0	80

$$\frac{\text{賞金の総額}}{\text{本数}}=\underbrace{\frac{5000\times1+1000\times3+100\times16+0\times80}{100}}_{(*)}=\frac{9600}{100}=96(\text{円})$$

となります。ここで，(*)の式について，

$$\frac{5000\times1+1000\times3+100\times16+0\times80}{100}=\underline{5000\times\frac{1}{100}}+\underline{1000\times\frac{3}{100}}+\underline{100\times\frac{16}{100}}+\underline{0\times\frac{80}{100}}$$

　それぞれの項をみると，(賞金)×(確率)になっています。1回の試行あたりに期待できる値を**期待値**といい，

　　　（変量の値）×（その値が出る確率）の総和

で求めることができます。

　期待値を求めるときは右のような表を書くのがおすすめです。このとき，期待値Eは，

$$E=x_1p_1+x_2p_2+\cdots+x_np_n$$

賞金	5000	1000	100	0	計
確率	$\frac{1}{100}$	$\frac{3}{100}$	$\frac{16}{100}$	$\frac{80}{100}$	1

X(値)	x_1	x_2	x_3	$\cdots$	x_n	計
$p(X)$(確率)	p_1	p_2	p_3	$\cdots$	p_n	1

例題

　1と書かれた玉が3個，2と書かれた玉が2個，3と書かれた玉が1個入った袋があり，この袋から玉を1個取り出す。書かれた数の点数がもらえるとき，もらえる点の期待値を求めよ。

　Xと書かれた玉を取り出す確率をp_Xとする。

$$p_1=\frac{\boxed{\text{ア}}}{6}, \quad p_2=\frac{\boxed{\text{イ}}}{6}, \quad p_3=\frac{\boxed{\text{ウ}}}{6}$$

よって，求める期待値Eは，

$$E=1\times p_1+2\times p_2+3\times p_3=\frac{\boxed{\text{エ}}}{\boxed{\text{オ}}}(\text{点})$$

X(得点)	1	2	3	計
p_X(確率)	$\frac{\boxed{\text{ア}}}{6}$	$\frac{\boxed{\text{イ}}}{6}$	$\frac{\boxed{\text{ウ}}}{6}$	1

確率がたして1になることを確認しよう！

例題の解答　ア 3　イ 2　ウ 1　エ 5　オ 3

1 右の表のような合計 1000 本のくじがある。このくじ
を 1 本引くときの賞金の期待値を求めよ。

	賞金(円)	本数(本)
1 等	10000	5
2 等	5000	10
3 等	1000	35
4 等	100	50
ハズレ	0	900

2 サイコロを 1 回投げて, 3 以下の目が出たら出た目の数と同じ点数が得られ, 4 以上の目が出
たら出た目の数の 2 倍の点数が得られる。このとき, 得られる点数の期待値を求めよ。

CHALLENGE 白玉 4 個と赤玉 2 個が入っている袋の中から, 3 個の玉を同時に取り出すとき,
取り出される白玉の個数の期待値を求めよ。

\ ¦ /
HINT 白玉を 1 個取り出す確率, 白玉を 2 個取り出す確率, 白玉を 3 個取り出す確率をそれぞれ求めてみよう。

✔ CHECK
24 講で学んだこと

□ 期待値 ＝(変量の値)×(その値が出る確率)の総和

25講 平行線があれば, 同位角・錯角を気にしよう!

角

▶ ここからはじめる　今回は, 「直線と角」について学習していきます。直線が交わると角ができます。直線や角の位置関係から, 角の大きさが等しくなる場所が出てきます。これを学ぶことで, さまざまな角の大きさが求められるようになります。

POINT 対頂角は等しく, 平行線の同位角, 錯角は等しい

　右の図で, $\angle a$ と $\angle c$, $\angle b$ と $\angle d$ のように, 向かい合っている2つの角を**対頂角**といい,

　　　　対頂角は等しい

が成り立ちます。

> $\angle a = 180° - \angle b$, $\angle c = 180° - \angle b$
> だから, $\angle a = \angle c$ ($\angle b = \angle d$ も同様)

　また, 右の図のように, 2直線 l, m に1つの直線が交わってできる角のうち,

　$\angle a$ と $\angle e$ のような位置にある2つの角を**同位角**,

　$\angle d$ と $\angle f$ のような位置にある2つの角を**錯角**

といいます。

> $\angle b$ と $\angle f$, $\angle c$ と $\angle g$, $\angle d$ と $\angle h$ もそれぞれ同位角, $\angle c$ と $\angle e$ も錯角です。

公式

平行線の同位角と錯角

2つの直線が**平行**であるとき,
① 同位角は等しい
② 錯角は等しい

ということが成り立ちます。

[1]　同位角
（同じマークは等しい）

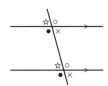

[2]　錯角
（同じマークは等しい）

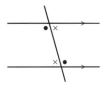

例題

　次の図において, 角 x を求めよ。❷, ❸は直線 l と直線 m が平行である。

❶

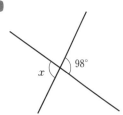

❷

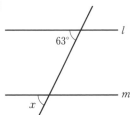

❸

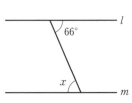

❶ ［ア　　　］角は等しいので, $x = $［イ　　　］°。

❷ 平行線の［ウ　　　］角は等しいので, $x = $［エ　　　］°。

❸ 平行線の［オ　　　］角は等しいので, $x = $［カ　　　］°。

演習

1 次の図において, 角 x を求めよ。

(1)

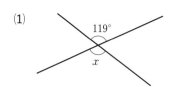

119°

x

(2)

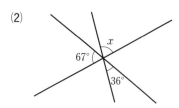

x

67°

36°

2 次の図において, 直線 l と直線 m が平行のとき, 角 x を求めよ。

(1)

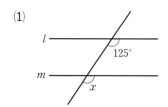

l

125°

m

x

(2)

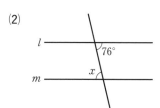

l

76°

m

x

CHALLENGE 次の図において, 直線 l と直線 m が平行のとき, 角 x を求めよ。

(1)

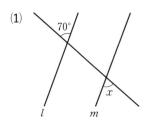

70°

x

l m

(2)

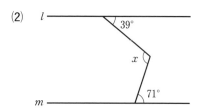

l

39°

x

m

71°

HINT (1) 対頂角と同位角の性質を組み合わせて考えよう。 (2) ∠x の頂点を通るような, 直線 l と m に平行な直線を引いてみよう。

✔ CHECK
25講で学んだこと

☐ 対頂角は等しい。
☐ 平行線の同位角は等しい。
☐ 平行線の錯角は等しい。

26講　三角形の内角すべてをたすと，必ず180°！
三角形の内角と外角

▶ ここからはじめる　ここでは，「三角形の内角と外角」について学習します。どんな多角形も，三角形に分割することができますね。ですので，三角形の性質を利用することで，四角形や五角形などの多角形も攻略することができるようになります！

三角形の内角の和は 180°

三角形の内角の和が 180° になることは，次のように平行線の性質を使って示すことができます。

右の図のように，△ABCの辺BCの延長をCDとし，点Cを通って辺ABに平行な直線CEを引きます。

このとき，

平行線の錯角は等しいから，$a=a'$

平行線の同位角は等しいから，$b=b'$

よって，△ABCの内角の和は，

$$a+b+c=a'+b'+c$$
$$=180°$$

また，$\angle ACD=a'+b'=a+b$ もわかります。まとめると，

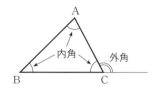

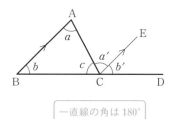

一直線の角は180°

公式

三角形の内角と外角

1 三角形の内角の和は 180°

2 三角形の外角はそれと隣り合わない 2 つの内角の和に等しい

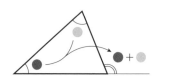

例題

次の図において，角xを求めよ。

1

2

1 三角形の内角の和は 180°だから，

$$28°+\boxed{ア}°+x=\boxed{イ}°$$
$$\boxed{ウ}°+x=\boxed{イ}°$$
$$x=\boxed{エ}°$$

2 外角は隣り合わない 2 つの内角の和に等しいから，

$$x=56°+\boxed{オ}°$$
$$=\boxed{カ}°$$

1 次の図において，角 x を求めよ。ただし，(3)は AB＝AC である。

(1)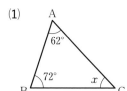

(2)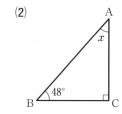

(3)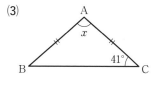

2 次の図において，角 x を求めよ。

(1)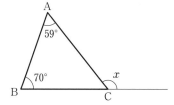

(2)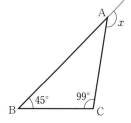

CHALLENGE 右の図において，角 x を求めよ。

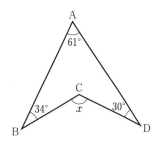

HINT　この図形を 2 つの三角形に分けて考えてみよう。

**✔ CHECK
26講で学んだこと**

□ 三角形の内角の和は 180°
□ 三角形の外角はそれと隣り合わない 2 つの内角の和に等しい。

27講 多角形の内角の和は三角形に分割して考える！
多角形の内角と外角

▶ ここからはじめる　ここでは，「多角形の角」について学習します。今まで学習した内容をもとに考えてみましょう。三角形の内角の和は180°ですね。つまり三角形に分割して不必要な部分を除けば多角形の内角の和を求めることができます。

POINT 1 多角形の内角の和は三角形に分割して考えよう！

例　六角形の内角の和を求めよ。

内部に点Pを1つとり，各頂点と結ぶと6個の三角形ができます。これらの内角の和は $180° \times 6$ ですね。ここから点Pの周りの角度360°をひくことで六角形の内角の和は $180° \times 6 - 360° = 720°$ と求められます。
同様にして，n 角形の内角の和は，
$$180° \times n - 360° = 180° \times (n-2)$$
となります。

ここの360°をひく！

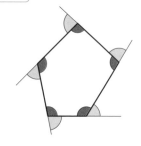

n 角形も内部に1つ点Pをとり n 個の三角形に分割して，点Pの周りの360°をひけばいいね！

POINT 2 どんな多角形も外角の和は 360°

右の図の五角形について，内角(赤色)の和は $180° \times (5-2) = 540°$ です。また，内角(赤色)と外角(青色)の和は $180° \times 5 = 900°$ です。よって，外角(青色)の和は，$900° - 540° = 360°$ となります。
一般に，**どんな多角形でも外角の和は 360°** になります。

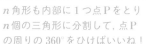

例題

1 十角形の内角の和を求めよ。
2 図1において，角 x を求めよ。
3 図2において，角 y を求めよ。

図1

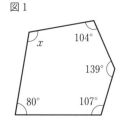

図2

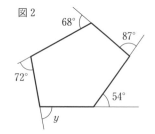

---

1 $180° \times \left(\boxed{ア} - 2 \right) = 180° \times \boxed{イ} = \boxed{ウ}$ 。

2 五角形の内角の和は $180° \times \left(\boxed{エ} - 2 \right) = \boxed{オ}$ ° より，
$$x + 80° + 107° + 139° + 104° = \boxed{オ} °$$
$$x = \boxed{オ} ° - \boxed{カ} ° = \boxed{キ} °$$

3 多角形の外角の和は $\boxed{ク}$ ° なので，
$$y = \boxed{ク} ° - (68° + 87° + 54° + 72°) = \boxed{ケ} °$$

演 習

1 次の各問いに答えよ。

(1) 八角形の内角の和を求めよ。

(2) 七角形の外角の和を求めよ。

2 次の多角形について, 角 x を求めよ。

(1)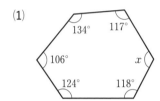

(2)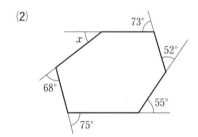

CHALLENGE　右の多角形について, 角 x を求めよ。

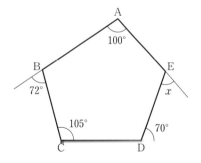

HINT　1 つの内角と外角の和は 180° であることを利用しよう。

✓ CHECK
27講で学んだこと

□ n 角形の内角の和は $180° \times (n-2)$
□ 多角形の外角の和は 360°

28講 ２つの図形がぴったり重なれば，合同！

三角形の合同

▶ ここからはじめる　ここでは，「三角形の合同」について学習します。鉄橋は，それぞれの辺の長さが等しい三角形を並べることによって，列車の重みに耐えられる強い構造をしています。形も大きさも同じである三角形の関係について学びましょう。

POINT 1　２つの図形がぴったり重なるとき，２つの図形は合同であるという

片方を**そのまま移動**するともう片方に重なるとき，２つの図形は**合同**であるといいます。△ABCと△DEFが合同であることを，△ABC≡△DEF（対応する頂点の順にかく）と表します。このとき，対応する辺の長さや角の大きさはそれぞれ同じになります。

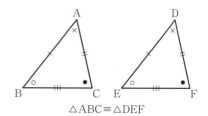

△ABC≡△DEF

例えばAB＝DE，∠ABC＝∠DEF

POINT 2　三角形の合同条件３つを押さえよう！

次の **1**～**3** のいずれかが成り立つとき，２つの三角形は合同です。

1　３組の辺がそれぞれ等しい

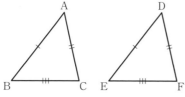

2　２組の辺とその間の角がそれぞれ等しい

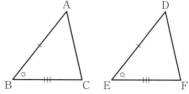

3　１組の辺とその両端の角がそれぞれ等しい

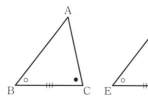

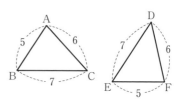

例題

右の図の三角形は，合同である。

1　合同条件を答えよ。
2　辺ABと対応する辺を答えよ。
3　∠DFEと対応する角を答えよ。

1　［ア　　　　　　　］がそれぞれ等しい。

2　辺［イ　　　］

3　∠［ウ　　　］

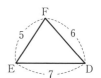

演習

1 右の図の2つの三角形は合同である。

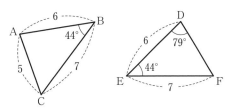

(1) 合同条件を答えよ。

(2) 辺DFの長さを求めよ。

(3) ∠ACBの大きさを求めよ。

2 右の図の2つの三角形は合同である。

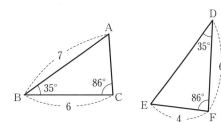

(1) 合同条件を答えよ。

(2) 辺ACの長さを求めよ。

CHALLENGE　正三角形ABCの辺AB, BC, CA上にそれぞれ点D, E, Fをとる。AD＝BE＝CFのとき、次の問いに答えよ。

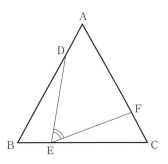

(1) 右の図において、△DBEと合同な三角形を答えよ。

(2) ∠DEFの大きさを求めよ。

HINT　(2) 正三角形の一辺の長さをa, AD＝BE＝CF＝b, ∠BDE＝xとおいて、いろいろな辺の長さや角の大きさを表してみよう。

CHECK
28講で学んだこと

□ 2つの図形がぴったり重なることを合同という。
□ 三角形の合同条件
　・3組の辺がそれぞれ等しい
　・2組の辺とその間の角がそれぞれ等しい
　・1組の辺とその両端の角がそれぞれ等しい

29講　拡大・縮小してぴったり重なれば，相似！
三角形の相似

▶ ここからはじめる　ここでは，「三角形の相似」について学習します。スマホの画像を指で拡大したり縮小したりしますよね。拡大する前と後の画像は，大きさは異なりますが，形はまったく同じです。このような「相似」という関係について学びましょう！

POINT 1　拡大または縮小してぴったり重なる関係を相似という

　片方を拡大・縮小するともう片方に一致するとき，2つの図形は**相似**であるといいます。相似は，形が同じ関係のことです。右の図のようなとき，△ABCと△DEFが相似であることを，△ABC∽△DEF（対応する頂点の順にかく）と表します。

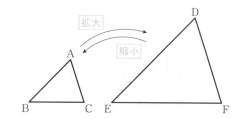

POINT 2　相似条件の3つを押さえよう！

　次の **1**〜**3** のいずれかが成り立つとき，2つの三角形は相似であるといいます。
1　3組の辺の比がすべて等しい
2　2組の辺の比とその間の角がそれぞれ等しい
3　2組の角がそれぞれ等しい

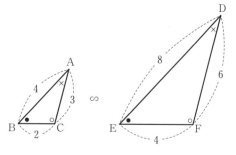

POINT 3　相似な図形の辺の長さの比を，相似比という

　相似な図形の対応する辺の長さの比と角の大きさはすべて同じになります。
　右上の図では△ABC∽△DEFです。このとき，対応する辺はABとDE，BCとEF，CAとFDになります。それぞれの辺の長さの比は，

$$AB : DE = 4 : 8 \qquad BC : EF = 2 : 4 \qquad CA : FD = 3 : 6$$
$$= 1 : 2 \qquad\qquad = 1 : 2 \qquad\qquad = 1 : 2$$

と等しくなります。この**長さの比**のことを，**相似比**といいます。

例題

　右の図は △ABC∽△DEF である。
1　辺ABに対応する辺を答えよ。
2　∠BCAに対応する角を答えよ。
3　△ABCと△DEFの相似比を求めよ。

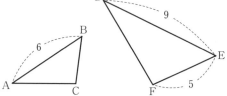

1　辺 [ア　　　]　　**2**　∠ [イ　　　]
3　AB : [ウ　　] = 6 : [エ　　] より，相似比は [オ　　] : [カ　　]　（簡単な整数比で）

演習

1 右の2つの三角形は相似である。次の空欄をうめよ。

相似の関係を記号 ∽ を使って表すと，
△ABC∽△ [ア　　] である。また，辺BCに
対応する辺は辺 [イ　　] であり，∠DEFに対
応する角は∠ [ウ　　] である。

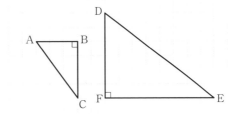

2 右の図において，△ABC∽△DEF である。

(1) △ABC と △DEF の相似比を求めよ。

(2) 辺DE の長さを求めよ。

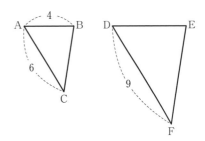

CHALLENGE　　右の図において，辺DE と辺BC は平行である。

(1) △ADE∽△ABC であることの証明について，次の空
欄をうめよ。

∠DAE＝∠ [ア　　] （共通）

∠AED＝∠ [イ　　] （平行線の同位角は等しい）

よって，[ウ　　　　　　　] 等しいので，

△ADE∽△ABC

(2) 線分DB の長さを求めよ。

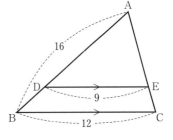

✔ CHECK
29講で学んだこと

☐ 拡大または縮小してぴったり重なる関係を相似という。
☐ 三角形の相似条件　・3組の辺の比がすべて等しい
　　　　　　　　　　　・2組の辺の比とその間の角がそれぞれ等しい
　　　　　　　　　　　・2組の角がそれぞれ等しい
☐ 相似な図形の辺の長さの比を，相似比という。

30講 相似な三角形は，相似比がわかれば面積比もわかる！
面積の比

▶ ここからはじめる　ここでは，「面積の比」について学習します。三角形の面積は「底辺×高さ×$\frac{1}{2}$」で求めることができますが，底辺と高さのうち一方が等しい2つの三角形は，面積そのものが求められなくても，面積の比を考えることができます。

POINT 1 高さが等しいときは面積比＝底辺の比，底辺が等しいときは面積比＝高さの比

右の図のように高さがともにhで，底辺の比が$5:3$である三角形△ABDと△ACDの面積比は，

$$\triangle ABD : \triangle ACD = \frac{1}{2} \cdot 5k \cdot h : \frac{1}{2} \cdot 3k \cdot h = 5:3$$

となります。つまり，**高さが等しいとき**，
（面積比）＝（底辺の比）が成り立ちます。

また，右の図のように底辺がともにxで，高さの比が$5:3$である△ABCと△DBCの面積比は，

$$\triangle ABC : \triangle DBC = \frac{1}{2} \cdot x \cdot 5k : \frac{1}{2} \cdot x \cdot 3k = 5:3$$

となります。つまり，**底辺が等しいとき**，
（面積比）＝（高さの比）が成り立ちます。

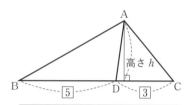

辺の比が$a:b=5:3$であれば，正の数kを用いて，$a=5k$，$b=3k$と表すことができるね！

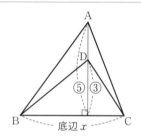

POINT 2 相似な三角形の面積比は，相似比の2乗

相似な三角形は，底辺の比も高さの比も辺の長さの比に等しくなります。右の図のような相似比が$5:3$の三角形の面積比は，

$$\triangle ABC : \triangle DBE = \frac{1}{2} \cdot 5k \cdot 5l : \frac{1}{2} \cdot 3k \cdot 3l = 5^2 : 3^2$$

となります。つまり，**相似な三角形は**，
（面積比）＝（相似比の2乗）となります。

底辺をそれぞれ$5k, 3k$，高さをそれぞれ$5l, 3l$とおいたよ！

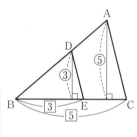

例題

1 次の図①，②において，△ABC：△DBCを，最も簡単な整数の比で表せ。

①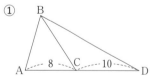

②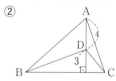

2 相似比が$2:7$である△ABCと△DEFの面積比を求めよ。

1①　△ABC：△DBC＝ ［ア　　］：［イ　　］＝［ウ　　］：［エ　　］

②　△ABC：△DBC＝ ［オ　　］：［カ　　］

2　相似比が$2:7$なので，面積比は ［キ　　］：［ク　　］

1 次の図において，△ABC：△ACD を，最も簡単な整数の比で表せ。

(1)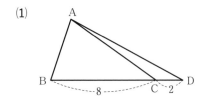

(2)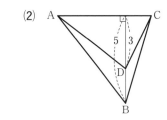

2 相似比が 5：4 である 2 つの三角形の面積比を求めよ。

CHALLENGE　右の三角形で，AD：DE＝5：2，
BE：EC＝2：3 であるとき，△ABC と △DEC
の面積比を求めよ。

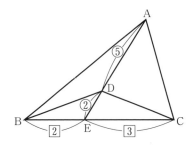

HINT　△DECの面積を，比を用いて ③×② ＝ ⑥ と表し，△ABCの面積を比を用いて表そう。

CHECK
30講で学んだこと

□ 高さが等しいとき，（面積比）＝（底辺の比）
□ 底辺が等しいとき，（面積比）＝（高さの比）
□ 相似な三角形の面積比は，相似比の 2 乗となる。

31講 ピラミッド型の図形の比に着目！

平行線と線分の比

▶ ここからはじめる　ここでは，「平行線と線分の比」について学習します。ピラミッドは，横から見ると三角形で，下の段に行くほど並んでいる石の数が多くなっています。三角形と平行線の間に成り立つ辺の長さの比の関係について，学んでいきましょう！

POINT 1 平行線と，三角形と線分の比を理解しよう！

△ABCにおいて，辺AB上に点Pがあり，辺AC上に点Qがあるとき，線分PQと辺BCが平行ならば，次の2つの辺の比の関係式が成り立ちます。

PQ∥BCならば，△ABC∽△APQであり，

1 $AP:AB=AQ:AC=PQ:BC$

2 $AP:PB=AQ:QC$

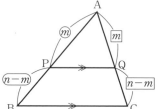

POINT 2 中点連結定理

△ABCの，辺ABの中点をM，辺ACの中点をNとすると，$MN\parallel BC$，

$MN=\dfrac{1}{2}BC$ が成り立ちます。これを**中点連結定理**といいます。

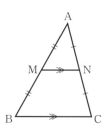

例題

次の図において，xの値を求めよ。

1 PQ∥BC

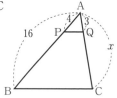

2

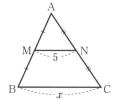

---

1 PQ∥BCなので，AP：AB＝AQ：AC

$$\boxed{ア}:\boxed{イ}=\boxed{ウ}:x$$

$$\boxed{ア}\,x=\boxed{エ}$$

$$x=\boxed{オ}$$

2 中点連結定理より，

$$MN=\frac{1}{2}BC$$

$$\boxed{カ}=\frac{1}{2}x$$

$$x=\boxed{キ}$$

演習

1 次の図で，PQ∥BCであるとき，xの値を求めよ。

(1)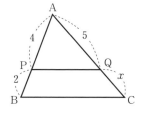

(2)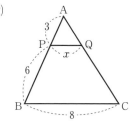

2 右の図で，点Mは辺ABの中点，点Nは辺ACの中点である。このとき，xの値を求めよ。

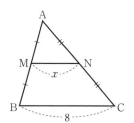

CHALLENGE 右の図で，線分AB，CD，EFはすべて平行である。このとき，xの値を求めよ。

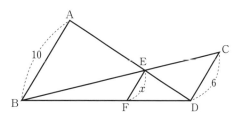

HINT △EBAと△ECDが相似であることを利用しよう。

CHECK
31講で学んだこと

□ 平行線と線分の比

□ 中点連結定理

MN∥BC

$MN = \dfrac{1}{2}BC$

32講 三角形の重心・外心

中線の交点が重心，外接円の中心が外心！

▶ ここからはじめる　三角形の重要な性質をもった「点」について学習します。数学では点の名前を「心」という字を用いて表します。円の「中心」などがおなじみですね。「三角形の重心・外心」について，その成り立ちと重要な性質を学習していきましょう！

POINT 1　三角形の重心は3本の中線の交点で，中線を2:1に内分する

三角形の頂点と，それと向かい合う辺の中点を結んだ線分を三角形の**中線**といいます。3本の中線の交点を三角形の**重心**といいます。また，**重心は中線を頂点から中点に向かって2:1に内分する点**になっています（例えば，AG:GM=2:1）。

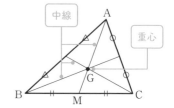

POINT 2　三角形の外心は3辺の垂直二等分線の交点で，外接円の中心

三角形の各辺の垂直二等分線の交点を，三角形の**外心**といいます。また，三角形の3つの頂点すべてを通る円を，三角形の**外接円**といいます。外心は，**外接円の中心**です。
略して外心！

△ABCの外心Oについて，OA=OB=OCであるから，△OAB, △OBC, △OCAはすべて二等辺三角形となります。このことは今後も使うので，しっかり押さえておきましょう。

二等辺三角形のそれぞれの底角は等しい！

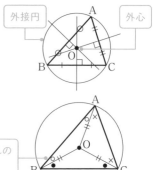

例題

❶　図1において，点Gは△ABCの重心である。線分CM，線分GMの長さを求めよ。

❷　図2において，点Oは△ABCの外心である。角x，角yを求めよ。

図1
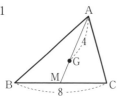

図2
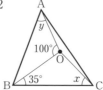

❶　MはBCの中点なので，CM=$\boxed{}$

　　AG:GM=$\boxed{}$: $\boxed{}$ より，$\boxed{}$: GM=$\boxed{}$: $\boxed{}$

　　よって，GM=$\boxed{}$

❷　∠OBC=∠OCBより，$x=\boxed{}$°　　また，∠OAB=∠OBAより，∠OBA=y

　　△OABについて，100°+y+y=180°より，$y=\boxed{}$°

次の △ABC において, 点Gはその重心である。x の値を求めよ。

(1)

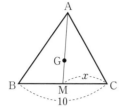

(2)

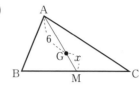

2 次の △ABC において, 点Oはその外心である。角 x を求めよ。

(1)

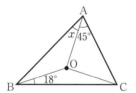

(2)

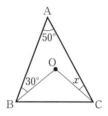

CHALLENGE

(1) 図1において, 点Gは重心である。PQ∥BC であるとき, x の値を求めよ。
(2) 図2において, 点Oは外心である。角 x を求めよ。

図1

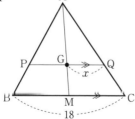

図2

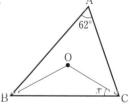

HINT (1) △AGQ と △AMC の辺の比を考えよう。　(2) 点Oは外接円の中心なので, 円周角の定理で ∠BOC を求めよう。

 CHECK
32講で学んだこと

□ 重心は3本の中線の交点で, 中線を頂点から中点に向かって 2:1 に内分する。
□ 三角形の外心は各辺の垂直二等分線の交点で, 外接円の中心である。

33講 内接円の中心が内心, 垂線の交点が垂心!
三角形の内心・垂心

▶ここからはじめる 今回は「三角形の内心・垂心」について学習します。前回の重心, 外心, 今回の内心, 垂心, そして傍心を合わせて, 三角形の五心といいます。このうち登場機会が多いのが垂心までの4つです。成り立ちと性質をしっかり押さえましょう。

POINT 1 三角形の内心は3つの角の二等分線の交点で, 内接円の中心

三角形の3つの内角の二等分線の交点を, 三角形の**内心**といいます。また, 三角形の3つの辺すべてに接する円を, 三角形の**内接円**といいます。内心は, **内接円の中心**です。

略して内心!

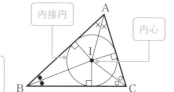

内心から各辺までの距離が等しい!

POINT 2 3つの頂点から対辺に引いた垂線の交点を垂心という

三角形の3つの頂点から対辺に引いた垂線の交点を, 三角形の**垂心**といいます。つまり, 頂点から垂心に向かって引かれた線分を延長すると, 対辺と垂直に交わります。

例題

1 図1の△ABCにおいて, Iはその内心である。角 x を求めよ。
2 図2の△ABCにおいて, Hはその垂心である。角 x を求めよ。

図1
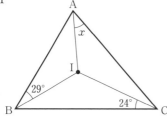

図2
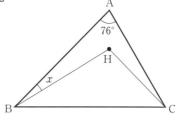

1 IA, IB, ICはそれぞれ角の二等分線だから,
∠IBC=□ᵃ °, ∠ICA=□ⁱ °,
∠IAB=x
よって, ∠BAC=2x, ∠ABC=□ᵘ °,
∠ACB=□ᵉ °。
三角形の内角の和は180°だから,
□ᵘ °+□ᵉ °+2x=180°
2x=□ᵒ °
x=□ᵏᵃ °

2 線分BHのH方向への延長線と辺ACとの交点をPとすると,
Hは垂心なので, ∠BPA=□ᵏⁱ °
よって, △ABPについて,
x+□ᵏⁱ °+□ᵏ °=180°
x=180°-□ᵏ °
x=□ᵏᵒ °

1 次の △ABC において, 点Iはその内心である。角xを求めよ。

(1)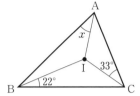

(2)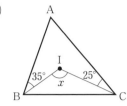

2 右の △ABC において, 点Hはその垂心である。角xを求めよ。

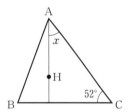

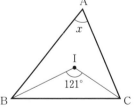 **CHALLENGE** 次の △ABC において, 点Iはその内心, 点Hはその垂心である。角xを求めよ。

(1)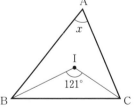

(2)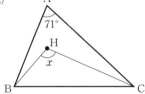

HINT (1) △IBC の2つの角の和を求めて, ∠ABC と ∠ACB の和を考えよう。　(2) BH, CH をHの側に辺 AC, AB まで伸ばしてできる三角形で考えてみよう。

 ✔ **CHECK**
33講で学んだこと

□ 内心は角の二等分線の交点で, 内接円の中心である。
□ 垂心は各頂点から対辺に引いた垂線の交点である。

34講　角の二等分線は対辺を辺の比に分割する！
角の二等分線と線分の比

▶ ここからはじめる　ここでは「角の二等分線と線分の比」について学習します。角の二等分線がその対辺（またはその延長線上）と交わるときの辺の長さの比について考えます。角の二等分線だからといって，その交点も辺の長さを二等分するとは限りません。

POINT 1 内角の二等分線は，対辺を辺の比に内分する

　△ABCの∠Aの二等分線と対辺BCとの交点をPとすると，Pは辺BCをAB：ACに内分する。
すなわち，

BP：PC＝AB：AC

> Pは線分BCの内側で分ける点だから，「内分する」という。

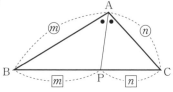

POINT 2 外角の二等分線は，対辺を辺の比に外分する

　△ABCの頂点Aにおける外角の二等分線と対辺BCの延長との交点をQとすると，Qは辺BCをAB：ACに外分する。
すなわち，

BQ：QC＝AB：AC

> Qは線分BCの外側で分ける点だから，「外分する」という。

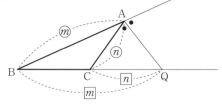

例題

❶　図1の△ABCについて，∠Aの二等分線と辺BCの交点をPとするとき，線分BPの長さを求めよ。

❷　図2の△ABCについて，∠Aの外角の二等分線と直線BCの交点をQとするとき，線分QCの長さを求めよ。

図1

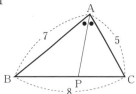

図2

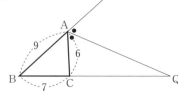

---

❶　BPをxとおくと，PC＝$\boxed{}^{ア}-x$となる。BP：PC＝AB：ACなので，

$$x:\left(\boxed{}^{ア}-x\right)=\boxed{}^{イ}:\boxed{}^{ウ}\qquad これを計算すると，BP＝\boxed{}^{エ}$$

❷　QCをxとおくと，BQ＝$\boxed{}^{オ}+x$となる。BQ：QC＝AB：ACなので，

$$\left(\boxed{}^{オ}+x\right):x=9:\boxed{}^{カ}\qquad これを計算すると，QC＝\boxed{}^{キ}$$

演習

1 右の △ABC について, ∠A の二等分線と辺 BC の交点を P とするとき, x の値を求めよ。

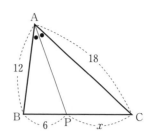

2 右の △ABC について, ∠A の外角の二等分線と辺 BC の延長線の交点を Q とするとき, x の値を求めよ。

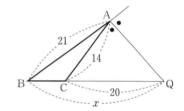

CHALLENGE 右の △ABC において, ∠A の二等分線と辺 BC との交点を P, ∠A の外角の二等分線が直線 BC と交わる点を Q とする。線分 PQ の長さを求めよ。

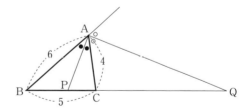

HINT CP, CQ の長さをそれぞれ求めよう。

✔ **CHECK**
34講で学んだこと

□内角の二等分線

□外角の二等分線
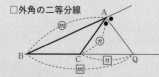

35講 中心角の大きさは円周角の大きさの2倍！

円周角の定理

▶ ここからはじめる ここでは「円周角の定理」について学習します。円周角の定理を利用して角度を求める問題を扱っていきます。定理を正しく使いこなせるようにしましょう！

POINT 1 中心角の大きさは円周角の大きさの2倍

円Oの周上に2点A, Bがあるとき, 中心OとA, Bとを結んでできる∠AOBを弧ABに対する**中心角**といい, 円周上の弧AB以外の部分に点Pをとってできる∠APBを弧ABに対する**円周角**といいます。

円周角と中心角について, 次のことが成り立ちます。

円周角の定理①

**中心角の大きさは, 円周角の
大きさの2倍である**

　　（右の図では∠AOB＝2∠APB）

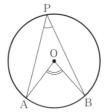

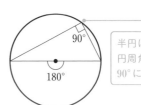

半円に対する
円周角は
90°になるね！

POINT 2 同じ弧に対する円周角は等しい

円周角について, 次のことが成り立ちます。

円周角の定理②

同じ弧に対する円周角は等しい

　　（右の図では∠APB＝∠AQB＝∠ARB）

どこも中心角が∠AOBだから等しくなります。

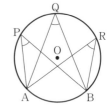

例題

次の図において, 角xを求めよ。ただし点Oは円の中心である。

❶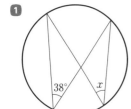

❷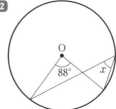

❸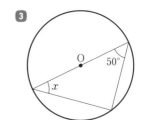

---

❶ 同じ弧に対する円周角は等しいので, $x=$ ⟨ア⟩ °。

❷ 円周角は中心角の半分なので, $x=$ ⟨イ⟩ °÷2＝ ⟨ウ⟩ °。

❸ 半円に対する円周角は ⟨エ⟩ °なので,

　　$x=180°-\left(\boxed{エ} °+ \boxed{オ} °\right)= \boxed{カ} °$。

1 次の図において，角 x を求めよ。ただし点Oは円の中心である。

(1)

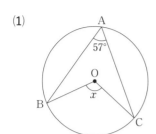

(2)

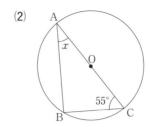

2 次の図において，角 x を求めよ。

(1)

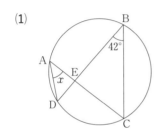

(2)

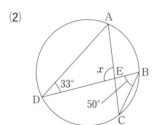

CHALLENGE 円周角の定理①を証明する。

右図において，$\angle APB = \dfrac{1}{2}\angle AOB$ を示せ。

OP, OA, OBは円の半径で長さが等しいので，△OPAと△OPBはそれぞれ ｱ[   ] 三角形になる。二等辺三角形の底角は等しいから，

$\angle OPA = \angle$ ｲ[   ] $(=\alpha$ とおく。$)$

$\angle OPB = \angle$ ｳ[   ] $(=\beta$ とおく。$)$

三角形の外角は隣り合わない2つの内角の和に等しいから，

$\angle AOQ = \angle OPA + \angle OAP =$ ｴ[   ]， $\angle BOQ = \angle OPB + \angle OBP =$ ｵ[   ]

よって，

$\angle APB =$ ｶ[   ]， $\angle AOB =$ ｷ[   ] （エ～キは α, β の式）

となるので，$\angle APB = \dfrac{1}{2}\angle AOB$ が成り立つ。

CHECK
35講で学んだこと

☐ 中心角は円周角の2倍。
☐ 同じ弧に対する円周角は等しい。

36講　円に内接する四角形の向かい合う角をたすと180°！

円に内接する四角形の性質

▶ ここからはじめる　ここでは,「円に内接する四角形の性質」について学習します。四画形の内角の和は 180°×(4−2)=360° です。また, 4 つの頂点がすべて円上にある四角形は, 加えて対角の和が 180° という性質も成り立ちます。しっかり押さえましょう。

円に内接する四角形の, 向かい合う角の和は 180°

円に内接する四角形

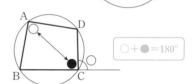

四角形の 4 頂点が 1 つの円周上にあるとき, その四角形は **円に内接する** といいます。四角形が円に内接するとき, 次のことが成り立ちます。

1　向かい合う角の和は 180° である

2　1 つの内角は, それに向かい合う内角の隣りにある外角に等しい

$○+●=180°$

このことを証明してみましょう。

向かい合う角の大きさをそれぞれ x, y とすると, 中心角は円周角の 2 倍なので, それぞれ $2x, 2y$ となります。すると, $2x+2y=360°$ が成り立つので,

$$x+y=180°$$

が成り立ちます。

また, ∠BCD の外角の大きさを a とおくと, 円に内接する四角形の性質から, $x+y=180°$

$y+a=180°$ も成り立つので, $x=a$ が成り立ちます。

─（例）（題）─

次の図において, 角 x を求めよ。

1

2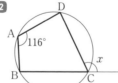

3

- -

1　四角形 ABCD は円に内接するので,

$x+80°=$ [ア　　] ° より, $x=$ [イ　　] °

2　円に内接する四角形の外角は, 隣りにある内角と向かい合う角と等しいので, $x=$ [ウ　　] °

3　△ABD について, ∠BAD+53°+68°= [エ　　] ° なので, ∠BAD= [オ　　] °

四角形 ABCD は円に内接するので, $x+$ [オ　　] °=180°

よって, $x=$ [カ　　] °

1 次の図で, 角xを求めよ。

(1)
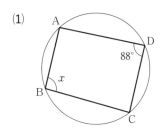

(2)
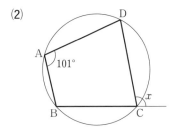

2 次の図で, 角xを求めよ。ただし, 点Oは円の中心とする。

(1)
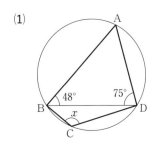

(2)
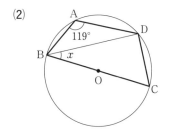

CHALLENGE 右の図で, 角xを求めよ。

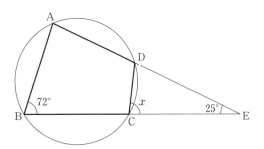

HINT ∠BAEを求めよう。

CHECK
36講で学んだこと

□ 円に内接する四角形の向かい合う角の和は180°である。
□ 円に内接する四角形の1つの内角は, それに向かい合う内角の隣りにある外角に等しい。

89

37講 ある外部の点と円の接点までの距離は等しい！

円の接線

▶ ここからはじめる　ここでは「円の接線」について学習します。箸で丸い豆などをつかむときは，真ん中の部分をつかむと取りやすくなります。これには，円の接線は接点を通る半径と垂直になるという性質がかかわっています。円の接線の性質を学びます。

POINT 1 接点を通る半径と接線は垂直

　円と直線が共有点をただ1つだけもつとき，その直線を円の**接線**といい，共有点を**接点**といいます。

　円の接線は，接点を通る半径に垂直になります。

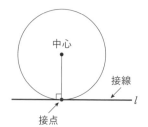

POINT 2 円の外部の点から引いた接線の長さは等しい

　右の図のように，円の外部に点Pがあるとき，円に向かって接線を2本引くことができます。この点Pと円の接点までの距離を接線の長さといいます。

　円の外部の点から円に引いた2本の接線の長さは等しくなります。つまり，

　　　　PA＝PB

が成り立ちます。

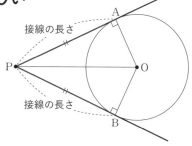

例題

次の図で点Oは円の中心，点P, Q, Rはそれぞれ接点である。x の値を求めよ。

1

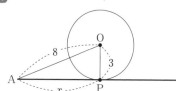

2

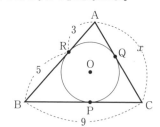

1　Pは接点なので，$\angle \mathrm{APO}＝90°$ である。三平方の定理より，

$$x^2 + \boxed{}^2 = \boxed{}^2 \quad \text{すなわち，} x^2 = \boxed{}$$

$x>0$ なので，$x=\boxed{}$

2　$\mathrm{AR}＝\mathrm{AQ}＝\boxed{}$ である。

また，$\mathrm{BR}＝\mathrm{BP}＝\boxed{}$ より，$\mathrm{PC}＝9－\boxed{}＝\boxed{}$ なので，$\mathrm{CQ}＝\mathrm{PC}＝\boxed{}$

よって，

$$x＝\mathrm{AQ}+\mathrm{QC}＝\boxed{}+\boxed{}＝\boxed{}$$

演 習

1 次の図で点Oは円の中心, 点Pは接点である。x の値を求めよ。

(1)

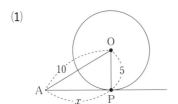

(2)

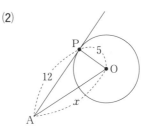

2 右の図で, 点P, Q, Rはそれぞれ接点である。x の値を求めよ。

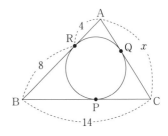

CHALLENGE 右の図で, P, Q, Rは△ABCの内接円と辺BC, CA, ABとの接点である。また, AB＝8, BC＝9, CA＝5 である。このとき, BPの長さを求めよ。

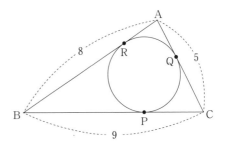

HINT BP＝x とおいて, 頂点から接点までの長さをそれぞれ x を用いて表してみよう。

✔ CHECK
37講で学んだこと

□ 円の接線は, 接点を通る半径に垂直。
□ 接線の長さは等しい。

38講 接線と弦のつくる角に着目！

接線と弦のつくる角

▶ ここからはじめる ここでは「接線と弦のつくる角」について学習します。性質自体はシンプルですが，今まで学習した円の接線や円周角の性質など，成り立ちを理解するにはいろいろな知識が必要になります。一つ一つていねいに理解していきましょう！

接線と弦のつくる角は，その弦がある弧に対する円周角に等しい

円の接線と接点を通る弦のつくる角について，次の定理が成り立ちます。

円周上の点Aにおける接線をAT，円上のAでない点をB，Cとする。このとき，

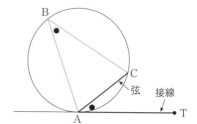

$$\angle\mathrm{CAT}=\angle\mathrm{ABC}$$

接線と弦ACのつくる角　　弧ACの円周角

これは次のように証明されます。

ADが直径になるように，円周上に点Dをとると，∠ACD＝90°となります。∠CAT＝xとすると，∠CAD＝90°−xなので，

$$\angle\mathrm{ADC}=180°-\{90°+(90°-x)\}=x$$

円周角は等しいので，

$$\angle\mathrm{ABC}=\angle\mathrm{ADC}=x$$

よって，∠CAT＝∠ABCが成り立ちます。

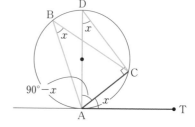

例題

次の図で，直線ATは円の接線で，点Aはその接点である。角x，角yを求めよ。

❶
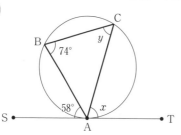

❷
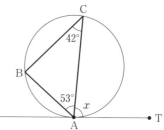

❶　接線と弦のつくる角の性質より，∠CAT＝∠ABC　よって，$x=\boxed{}^{°}$

　　同様に，∠SAB＝∠ACB　よって，$y=\boxed{}^{°}$

❷　接線と弦のつくる角の性質より，∠CAT＝∠ABC　よって，∠ABC＝x

　　△ABCについて，$x+53°+42°=\boxed{}^{°}$　　よって，$x=\boxed{}^{°}$

演 習

1 次の図で, 直線ATは円の接線であり, 点Aはその接点である。角x, 角yを求めよ。

(1)

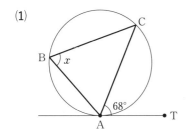

(2)

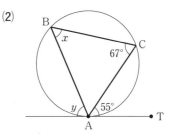

2 次の図で, 直線ATは円の接線であり, 点Aはその接点である。角x, 角yを求めよ。

(1)

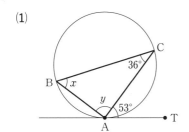

(2)

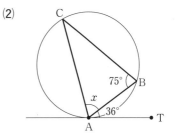

CHALLENGE 右の図において, 直線EFは2つの円の共通接線であり, 点Tはその接点である。このとき, 角xを求めよ。

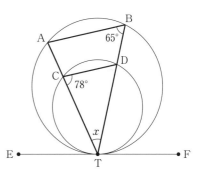

HINT 2つの円はどちらも点TでEFと接していて, 接線EFと弦AT, 弦CTのつくる角は等しくなることを利用しよう。

✔ CHECK
38講で学んだこと

□ 接線と弦のつくる角は, その弦がある弧に対する円周角に等しい。

39講 （点から円）×（点から円）＝（点から円）×（点から円）！
方べきの定理(1)

▶ ここからはじめる　今回から2回は「方べきの定理」について学習します。ある点Pを通る直線が円と2点A, Bで交わるとき, PA×PBの値のことを「方べき」といいます。方べきの定理は今後いろいろな問題で登場するので, しっかり身につけておきましょう！

POINT 1　円内の点から, （点から円）×（点から円）＝（点から円）×（点から円）

点Pが円の内部にあり, Pを通る2直線が円とそれぞれ2点A, Bおよび2点C, Dで交わるとき,

$$\underbrace{PA \times PB}_{（点から円）×（点から円）} = \underbrace{PC \times PD}_{（点から円）×（点から円）}$$

が成り立ちます。これを, **方べきの定理**といいます。

点Pから円上の点までの距離のことを「点から円」と省略することにします。方べきの定理は**（点から円）×（点から円）＝（点から円）×（点から円）**と押さえておきましょう。

POINT 2　円外の点から, （点から円）×（点から円）＝（点から円）×（点から円）

点Pが円の外部にあり, Pを通る2直線が円とそれぞれ2点A, Bおよび2点C, Dで交わるときも,

$$\underbrace{PA \times PB}_{（点から円）×（点から円）} = \underbrace{PC \times PD}_{（点から円）×（点から円）}$$

が成り立ちます。これも方べきの定理といいます。

例題

次の図において, xの値を求めよ。

❶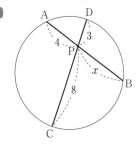

❷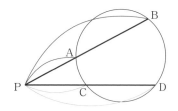
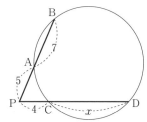

---

❶　方べきの定理より, PA×PB＝PC×PD

すなわち, $\boxed{}^{ア} \times x = \boxed{}^{イ} \times \boxed{}^{ウ}$　これを解くと, $x = \boxed{}^{エ}$

❷　PB＝PA＋AB＝$\boxed{}^{オ}$＋$\boxed{}^{カ}$＝$\boxed{}^{キ}$, PD＝$\boxed{}^{ク}$＋x

方べきの定理より, PA×PB＝PC×PD

すなわち, $\boxed{}^{オ} \times \boxed{}^{キ} = \boxed{}^{ケ}\left(\boxed{}^{ク}+x\right)$　これを解くと, $x = \boxed{}^{コ}$

演習

1 次の図において, x の値を求めよ。

(1)
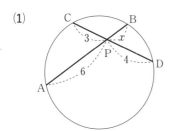

(2)
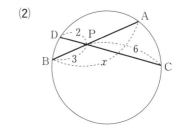

2 次の図において, x の値を求めよ。

(1)
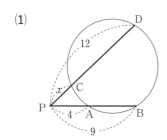

(2)
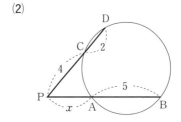

CHALLENGE　右の図において, 点Oは円の中心である。x の値を求めよ。

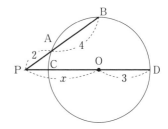

HINT　線分OCは半径に等しいことを利用して, PC, PDの長さを x を用いて表そう。

✔ CHECK
39講で学んだこと

□ 方べきの定理は, (点から円)×(点から円)＝(点から円)×(点から円)

40講　片方が接線の場合でも方べきの定理が使える！
方べきの定理(2)

▶ ここからはじめる　前回に引き続き「方べきの定理」を学習します。前回は円と異なる2点で交わる場合を学びましたが，今回は円と1点で接する場合を学びます。式の形は少し違いますが，もとになる考え方は前講と同じです！

片方が接線でも，（点から円）×（点から円）＝（点から円）×（点から円）

前講の ② の方べきの定理において，片方の直線が円の接線であるとき，次の定理が成り立ちます。

円の外部の点Pから，この円と2点A, Bで交わる直線と，点Tで円と接する接線を引くと，

$$\underset{\text{（点から円）×（点から円）}}{\mathbf{PA} \ \times \ \mathbf{PB}} = \underset{\text{（点から円）×（点から円）}}{\mathbf{PT} \ \times \ \mathbf{PT}}$$

が成り立ちます。これも方べきの定理といいます。

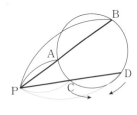 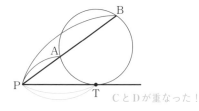

CとDを近づける　CとDが重なった！

方べきの定理
PA×PB＝PC×PD　CとDがTになる　方べきの定理
PA×PB＝PT×PT

例題

次の図において，直線PTは円の接線であり，点Tはその接点である。xの値を求めよ。

❶ 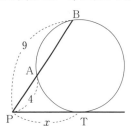　❷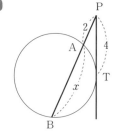

---

❶ 方べきの定理より，
　　PA×PB＝PT²

xは辺の長さより，$x>0$であるから，
　　$x=$ ⬚ᴱ

❷ 方べきの定理より，
　　PA×PB＝PT²
　PB＝ ⬚ᵒ ＋xであるので，

これを解くと，
　　$x=$ ⬚ᴷ

演 習

1 次の図において，直線PTは円の接線であり，点Tはその接点である。xの値を求めよ。

(1)
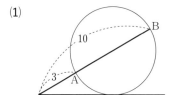

(2)
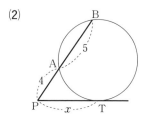

2 次の図において，直線PTは円の接線であり，点Tはその接点である。xの値を求めよ。

(1)
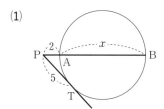

(2)
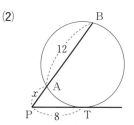

CHALLENGE 右の図において，点Oは円の中心，直線PT
は円の接線であり，点Tはその接点である。xの値を求
めよ。

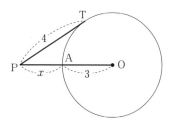

HINT 直線POをOの側に伸ばし，円と交わる点をBとして，方べきの定理を利用してみよう。

**✓ CHECK
40講で学んだこと**

□ 片方が接線でも，(点から円)×(点から円)＝(点から円)×(点から円)

41講　2つの円の位置関係は5通りある！

2つの円

▶ ここからはじめる　今回は「2つの円」について学習します。月によって太陽が隠される「日食」という現象を見たことがありますか？　月と太陽の2円の位置関係によって，その見え方が変化しますね。ここでは，2つの円の位置関係について学びましょう。

POINT　2つの円の位置関係は5通りある

半径がRの円Oと，半径がrの円Pの2つの円（ただし，$R>r$）について，その位置関係は次の5通りがあります。

		中心間の距離d	共通接線の本数
1	互いに外部にある	$d>R+r$ 中心間の距離は半径の和より大きい。	4本
2	外接する	$d=R+r$ 中心間の距離は半径の和と等しい。	3本
3	2点で交わる	$R-r<d<R+r$ 中心間の距離は半径の和と差の間。	2本
4	内接する	$d=R-r$ 中心間の距離は半径の差と等しい。	1本
5	一方が他方の内部にある	$d<R-r$ 中心間の距離は半径の差より小さい。	0本

例題

1　半径11の円と半径6の円が外接するとき，中心間の距離dを求めよ。

2　半径5の円と半径2の円の中心間の距離が8であるとき，2円の位置関係を述べよ。また，2つの円の共通接線の本数を答えよ。

1　2円が外接するとき，中心間の距離は2円の半径の和に等しい。よって，$d=$ ［ア　］

2　2円の半径の和は ［イ　］ で，中心間の距離より小さい。

よって，2円は ［ウ　　　　］ 。また，共通接線は ［エ　］ 本である。

演 習 の解答 ➡ 別冊 P.42

1 半径 9 の円と半径 5 の円がある。次の場合の中心間の距離 d を求めよ。

(1) 2つの円が外接する。　　　　(2) 2つの円が内接する。

2 半径 R の円 O と半径 r の円 P の中心間の距離が d であるとする。次のそれぞれの場合について，2つの円の位置関係を述べよ。また，2つの円に引ける共通接線の本数を答えよ。

(1) $R=6$, $r=3$, $d=8$

(2) $R=4$, $r=3$, $d=1$

(3) $R=7$, $r=3$, $d=2$

✔ **CHECK**
41講で学んだこと

□ 2つの円の位置関係は 5 通りある。

42講　二等分線がポイント！

作図

▶ここからはじめる　定規とコンパスだけで図をかくことを「作図」といいます。定規は直線を引くことだけ，コンパスは円や弧をかいて長さを測りとることだけに使います。根拠となる図形的性質もあわせて押さえておくようにしましょう。

POINT 1　垂直二等分線は2点A, Bからの距離が等しい点の集まり

右の図の線分ABの垂直二等分線の作図は次のように行います。

① 点A, Bそれぞれに針をおき，等しい半径の弧を2点で交わるようにかく。

② 2つの交点を結ぶ直線を引くと，線分ABの垂直二等分線となる。

線分ABの垂直二等分線は，2点A, Bから距離が等しい点の集まりとなります。

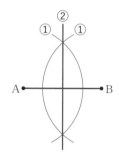

POINT 2　角の二等分線は2直線からの距離が等しい点の集まり

右の図の∠AOBの二等分線の作図は次のように行います。

① 点Oに針をおき，線分OA, OBと交わるように弧をかく。その交点をそれぞれP, Qとする。

② P, Qそれぞれに針をおき，等しい半径の弧をかき，交点をRとする。

③ 直線ORを引くと，これが角の二等分線となる。

∠AOBの二等分線は，2直線OA, OBからの距離が等しい点の集まりとなります。

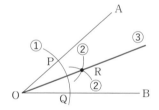

例題

線分ABの垂直二等分線が，上の作図方法でかけることの証明に関して記した次の文章について，空欄をうめよ。

点A, Bを中心とする2つの弧の交点をC, Dとおく。

2つの弧の半径は等しいので，

$$AC=A\boxed{}=B\boxed{}=BD$$

が成り立つ。よって，四角形ACBDは $\boxed{}$ である。

$\boxed{}$ の対角線は $\boxed{}$ に交わり，

その交点はそれぞれの対角線の $\boxed{}$ となる。

したがって，直線CDは線分ABの垂直二等分線である。

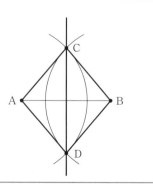

1 ∠AOB の二等分線が前ページの作図方法でかけること
の証明について, 次の空欄をうめよ。

△OPR と △OQR について考える。点 O を中心とする
弧の交点が P, Q であるので,

OP = [ア]

点 P, Q を中心とする弧の半径が等しいので,

PR = [イ]

辺 OR は共通なので,

OR = OR

したがって, [ウ] がそれぞれ等しいので, △OPR ≡ △OQR である。

対応する角は等しいので,

∠POR = ∠[エ]

よって, 直線 OR は ∠AOB の二等分線である。

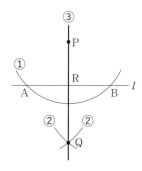

CHALLENGE 点 P から直線 l に垂線を引く方法は次のとおり
である。

① 点 P に針をおき, 直線 l と 2 点で交わる弧をかく。
② ①の交点 A, B それぞれに針をおき, 等しい半径の弧を
かく。2 つの弧の交点を Q とする。
③ P, Q を結ぶ直線が, 直線 l の垂線である。

垂線が上の方法でかけることの証明について, 次の空欄を
うめよ。

直線 PQ と直線 l の交点を R とする。
△PAQ と △PBQ について,

PA = [ア] , AQ = [イ] , PQ = PQ

より, [ウ] がそれぞれ等しいので, △PAQ ≡ △PBQ

対応する角は等しいので, ∠APR = ∠[エ]

また, △APR と △BPR について,

PA = [ア] , PR = PR , ∠APR = ∠[エ]

より, [オ] がそれぞれ等しいので, △APR ≡ △BPR

対応する角は等しいので, ∠ARP = ∠BRP = [カ] °。

よって, 直線 PQ は直線 l の垂線である。

✔ CHECK
42講で学んだこと

□ 垂直二等分線は, 2 点 A, B からの距離が等しい点の集まり。
□ 角の二等分線は, 2 直線からの距離が等しい点の集まり。

43講 ２つの平面には「平行」と「交わる」という位置関係がある！

空間図形

▶ ここからはじめる　ここでは,「空間図形」について学習します。今までは平面の図形を学習してきましたが, 今回からは立体の図形について考えていきます。立体図形において, 平行や垂直はどのように考えるか, しっかり学んでいきましょう。

POINT
1　空間内の２平面の位置関係は「平行」と「交わる」

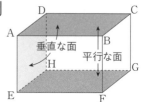

　右の図のような直方体において, 面ABCDと面EFGHのような位置にある２つの平面は**平行**であるといいます。

　また, 面ABCDと面ADHEのような位置にある２つの平面は**交わり**, この場合は**垂直**であるといいます。

POINT
2　空間内の平面と直線の位置関係は「含まれる」,「交わる」,「平行」

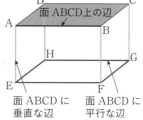

　右の図のような直方体において, 辺ABは面ABCD上にあるので, 辺ABは面ABCDに**含まれる**といいます。また, 面ABCDに対し, 辺EFや辺HGのような位置にある辺は面ABCDに**平行**であるといい, 辺AEや辺BFは面ABCDと**１点で交わり**, この場合は**垂直**であるといいます。

POINT
3　空間内の２直線の位置関係は「交わる」,「平行」,「ねじれの位置」

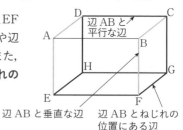

　右の図のような直方体において, 辺ABに対し, 辺CDや辺EFのような位置にある辺を辺ABと**平行**であるといい, 辺ADや辺BCのような位置にある辺を辺ABと**垂直**であるといいます。また, 空間内で平行でも垂直でもなく交わらない２つの直線を**ねじれの位置**にあるといいます。

┌─ 例題 ─────────────────────────────

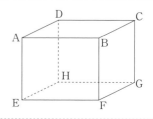

　右の直方体ABCD−EFGHについて, 次の問いに答えよ。
1　面ABFEと平行な面はどれか。
2　面ABFEと垂直な面はどれか。
3　面ABFEと垂直な辺はどれか。
4　辺ADとねじれの位置にある辺はどれか。

- -

1　面 [ア　　　　　]

2　面 [イ　　　　], 面 [ウ　　　　], 面 [エ　　　　], 面 [オ　　　　]

3　辺 [カ　　　], 辺 [キ　　　], 辺 [ク　　　], 辺 [ケ　　　]

4　辺 [コ　　　], 辺 [サ　　　], 辺 [シ　　　], 辺 [ス　　　]

└──────────────────────────────────

演 習

1 右の直方体 ABCD−EFGH について, 次の問いに答えよ。

(1) 面 BCGF と平行な面はどれか。

(2) 面 BCGF と垂直な面はどれか。

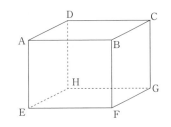

2 右の直方体 ABCD−EFGH について, 次の問いに答えよ。

(1) 面 BCGF と平行な辺はどれか。

(2) 面 BCGF と垂直な辺はどれか。

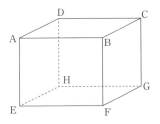

3 右の直方体 ABCD−EFGH について, 次の問いに答えよ。

(1) 辺 BC と平行な辺はどれか。

(2) 辺 BC と垂直な辺はどれか。

(3) 辺 BC とねじれの位置にある辺はどれか。

CHALLENGE　右の図は, 直方体から三角柱を切り取った立体の図である。このとき, 次の問いに答えよ。

(1) 辺 AB と平行な辺はどれか。

(2) 辺 BC とねじれの位置にある辺はどれか。

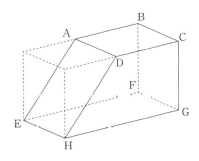

✔ CHECK
43講で学んだこと

□ 平面と平面の位置関係には「平行」と「交わる」がある。
□ 平面と直線の位置関係には「含まれる」,「交わる」,「平行」がある。
□ 直線と直線の位置関係には「交わる」,「平行」,「ねじれの位置」がある。

44講　多面体とは，平面で囲まれた立体のこと！

多面体

▶ ここからはじめる　ここでは「多面体」について学習します。多面体とは，立体の中でもサイコロやピラミッドのような平面だけで囲まれたもののことをいいます。実は，サッカーボールも多面体でできています！

POINT 1 平面だけで囲まれた立体を多面体という

次の図のように，平面だけで囲まれた立体を**多面体**といいます。多面体の名前は，面の数で決まります。例えばさいころは6つの平面からできるので六面体といいます。

  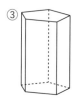 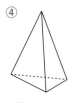 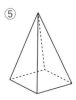

①〜③のような形を角柱，④〜⑥のような立体を角錐といいます。底面が三角形，四角形，…の角柱を，三角柱，四角柱，…といいます。また，底面が三角形，四角形，…の角錐を，三角錐，四角錐，…といいます。

POINT 2 正多面体は5種類だけ！

すべての面が合同な正多角形であり，各頂点に集まる面の数がすべて等しい立体を**正多面体**といいます。正多面体は，下の5種類だけあります。

正四面体　　　　正六面体（立方体）　　　正八面体　　　　　正十二面体　　　　　正二十面体

例題

1 次のような立体を，下のA〜Dからすべて選び，記号で答えよ。

① 平面だけで囲まれた立体

② 三角形の面を含む立体

A　直方体	B　三角柱
C　四角錐	D　球

2 四角柱は何面体か。また，四角柱の面の数，辺の数，頂点の数を求めよ。

- -

1 ① ［ア　　　　　］

② ［イ　　　　　］

2 四角柱は ［ウ　　］面体で，面の数は ［エ　　　］面，辺の数は ［オ　　　］本，頂点の数は ［カ　　　］個である。

1 ア, イのそれぞれについて, 次の問いに答えよ。

(1) 何面体か。
　ア　　　　　イ

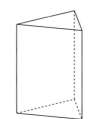

ア　三角柱

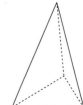

イ　三角錐

(2) 辺の数を求めよ。
　ア　　　　　イ

(3) 頂点の数を求めよ。
　ア　　　　　イ

(4) (頂点の数)−(辺の数)+(面の数)の値を求めよ。
　ア

　イ

CHALLENGE　次の正多面体について, 下の表の空欄をうめよ。

正多面体	面の形	1つの頂点に集まる面の数	頂点の数	辺の数	面の数
正四面体		3			
正六面体		3			
正八面体		4			
正十二面体		3			
正二十面体		5			

✔ CHECK
44講で学んだこと

□ 平面だけで囲まれた立体を多面体という。
□ 正多面体は正四面体, 正六面体, 正八面体, 正十二面体, 正二十面体の5種類のみ。

45講 （わられる数）＝（わる数）×（商）＋（余り）！
整数のわり算

▶ ここからはじめる 今回は，「整数のわり算」と「余り」について学習していきます。負の整数を正の整数でわった場合の余りはどう考えるのでしょうか。ここではその「余り」のルールについて理解し，マスターしましょう。

POINT 1 （わられる数）＝（わる数）×（商）＋（余り）

32 を 5 でわると，商は 6 で余りは 2 となります。

$$\begin{array}{r} 6 \\ 5\overline{\smash{)}32} \\ 30 \\ \hline 2 \end{array}$$

これは「32 個の中には 5 個のかたまりが 6 つ分入っていて，2 個余っている」ということを表していて，この関係を式で表すと次のようになります。

$$\underset{\text{(わられる数)}}{32} = \underset{\text{(わる数)}}{5} \times \underset{\text{(商)}}{6} + \underset{\text{(余り)}}{2}$$

余りは 0 以上で「わる数」未満の整数になります。

POINT 2 a を b でわったときの商を q，余りを r とすると $a=bq+r$

a を**整数**，b を**正の整数**とし，a を b でわったときの商を q，余りを r とすると，

$$a=bq+r, \quad 0 \leqq r < b$$

> （わられる数）＝（わる数）×（商）＋（余り）
> また，余りは 0 以上で「わる数」未満！

例えば，-19 を 3 でわった余りは，

$$-19=3\times(-7)+2$$

と表されるので，余りは 2 である。

> $-19=3\times(-6)-1$
> と表すこともできるが，余りは 0 以上で「わる数」未満の数より，-1 は余りではない！

例題

整数 a を 6 でわると 3 余り，整数 b を 6 でわると 5 余る。このとき，次の整数を 6 でわった余りを求めよ。

❶ $a+b$ ❷ $a-b$ ❸ ab

----

k, l を整数として，$a=6k+\boxed{}^{ア}$，$b=6l+\boxed{}^{イ}$ とおける。

❶ $a+b=(6k+\boxed{}^{ア})+(6l+\boxed{}^{イ})=6(k+l)+\boxed{}^{ア}+\boxed{}^{イ}$

$\quad =6(k+l+\boxed{}^{ウ})+\boxed{}^{エ}$

よって，$a+b$ を 6 でわった余りは $\boxed{}^{エ}$

❷ $a-b=(6k+\boxed{}^{ア})-(6l+\boxed{}^{イ})=6(k-l)+\boxed{}^{ア}-\boxed{}^{イ}$

$\quad =6(k-l-\boxed{}^{オ})+\boxed{}^{カ}$

よって，$a-b$ を 6 でわった余りは $\boxed{}^{カ}$

❸ $ab=(6k+\boxed{}^{ア})(6l+\boxed{}^{イ})=6^2kl+6k\cdot\boxed{}^{イ}+6l\cdot\boxed{}^{ア}+\boxed{}^{ア}\cdot\boxed{}^{イ}$

$\quad =6(6kl+\boxed{}^{キ}k+\boxed{}^{ク}l+\boxed{}^{ケ})+\boxed{}^{コ}$

よって，ab を 6 でわった余りは $\boxed{}^{コ}$

1 次の a, bについて, aをbでわったときの商と余りを求めよ。

(1) $a=37$, $b=4$

(2) $a=-43$, $b=8$

2 a, bは整数とする。aを7でわると5余り, bを7でわると6余る。このとき, 次の整数を7でわったときの余りを求めよ。

(1) $2a+3b$

(2) ab

k, lを整数として, $a=7k+$ ⃞ᵃ , $b=7l+$ ⃞ⁱ とおける。

(1) $2a+3b = 2(7k+$ ⃞ᵃ $)+3(7l+$ ⃞ⁱ $)=14k+21l+$ ⃞ᵘ

$= 7(2k+3l+$ ⃞ᵉ $)$

よって, $2a+3b$を7でわった余りは ⃞ᵒ

(2) $ab = (7k+$ ⃞ᵃ $)(7l+$ ⃞ⁱ $)=49kl+$ ⃞ᵏ $k+$ ⃞ᵏⁱ $l+$ ⃞ᵘ

$= 7(7kl+$ ⃞ᵏᵉ $k+$ ⃞ᵏᵒ $l+$ ⃞ˢᵃ $)+$ ⃞ˢⁱ

よって, abを7でわった余りは ⃞ˢⁱ

CHALLENGE　整数nに対し, n^2を3でわった余りを求めよ。

HINT 整数nを$n=3k, 3k+1, 3k+2$というように3でわった余りで分類して考えてみよう。

✓ CHECK 45講で学んだこと

☐ （わられる数）＝（わる数）×（商）＋（余り）
☐ 余りは0以上で「わる数」未満の整数
☐ aが整数, bが正の整数のとき, qを整数として, $a=bq+r$ $(0\leqq r<b)$と表せられれば, rはaをbでわった余りである。

46講 素因数分解とは，合成数を素数だけの積で表すこと！

素因数分解

▶ ここからはじめる　まずはじめに「素因数分解」について学習します。素因数分解を行うことによって，その数がどんな数の組合せでできているかがわかります。これから学習する整数の内容にもたくさん活用されます。マスターしておきましょう！

POINT

素因数分解は合成数を素数だけの積で表すこと

3 の正の約数 → 1, 3 ●──────| 3 の約数は 3 をわり切ることができる数。

のように，正の約数が「1」と「**その数自身**」だけとなる 2 以上の自然数を**素数**といい，1 とその数自身以外の約数をもつ数を**合成数**といいます。

　　　素数は, 2, 3, 5, 7, 11, …
　　　合成数は, 4, 6, 8, 9, 10, 12, …

| 例えば，6 の正の約数は「1, 2, 3, 6」であり，1 と自分自身以外にも約数をもつ。

　合成数はいくつかの自然数の積で表すことができて，その 1 つ 1 つの数を**因数**といい，素数である因数を**素因数**といいます。
　また，自然数を素因数の積で表すことを**素因数分解**といいます。素因数分解は次のように行います。

$180 = 4 \cdot 5 \cdot 9$

5 は素因数　　　因数

素因数分解の手順

手順1 わり切れる素数で順にわっていく
手順2 商が素数になったらストップする
手順3 わった素数と最後の商の積で表す
　　　　（同じ素数の積は，普通は指数を使って表す）

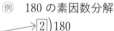

例　180 の素因数分解

$$\begin{array}{r} 2\,)\,180 \\ 2\,)\,\underline{90} \\ 3\,)\,\underline{45} \\ 3\,)\,\underline{15} \\ 5 \end{array}$$

$180 = 2^2 \cdot 3^2 \cdot 5$

| 小さい素数から順にわれるかどうかを試していこう！

例題

　252 を素因数分解せよ。

$$\begin{array}{r} \boxed{ア}\,)\,252 \\ \boxed{イ}\,)\,126 \\ \boxed{ウ}\,)\,63 \\ \boxed{エ}\,)\,21 \\ 7 \end{array}$$

これより，

$$252 = \boxed{ア}^{\boxed{オ}} \cdot \boxed{ウ}^{\boxed{カ}} \cdot 7$$

1 次の数を素因数分解せよ。

(1) 264

(2) 840

(3) 3960

CHALLENGE 264 にできるだけ小さい自然数 n をかけてある自然数の 2 乗にしたい。このとき，自然数 n を求めよ。

HINT 264 を素因数分解して，素因数がそれぞれ偶数個になるように考えよう。

✓ CHECK
46講で学んだこと

☐ 自然数を素因数（素数である因数）の積で表すことを素因数分解という。
☐ 素因数分解は，わり切れる素数で順にわっていき，商が素数になったら，わった素数と最後の商の積で表す。

47講　2つ以上の整数について，共通な約数で最大の数が最大公約数！

公約数と最大公約数

▶ここからはじめる　今回は，「公約数」と「最大公約数」について学習します。数が大きくなっていくと，たくさんの約数を書き並べて公約数をみつけるというのは，少し大変ですね。ここでは「素因数分解」を用いて最大公約数を求める方法を学びます。

POINT 1 共通な約数が「公約数」，公約数のうち最大の数が「最大公約数」

2つ以上の整数に共通な約数を，それらの整数の**公約数**といい，公約数のうち最も大きい数を**最大公約数**といいます。

例　12の約数は，± 1, ± 2, ± 3, ± 4, ± 6, ± 12　・────［12をわり切る整数］

　　18の約数は，± 1, ± 2, ± 3, ± 6, ± 9, ± 18　・────［18をわり切る整数］

であるから，

　　　12と18の公約数は ± 1, ± 2, ± 3, ± 6

　　　最大公約数は，公約数のうち最大の数だから，6

POINT 2 最大公約数は両方に含まれる素因数をかけたもの

例　180と378の最大公約数を素因数分解を利用して求めよ。

2つの数を素因数分解して，

$$180 = \boxed{2} \cdot 2 \quad \boxed{3 \cdot 3} \qquad \cdot 5$$
$$378 = \boxed{2} \qquad \boxed{3 \cdot 3} \cdot 3 \qquad \cdot 7$$
$$（最大公約数）= \boxed{2} \qquad \boxed{3 \cdot 3}$$
$$= 2 \cdot 3^2$$
$$= 18$$

のように，共通な部分をすべて取り出したものの積として
最大公約数を求めることができます。また，右上のように指数に着目して求めることもできます。

$$180 = 2^2 \cdot 3^2 \cdot 5$$
$$378 = 2 \cdot 3^3 \quad \cdot 7$$
$$\overline{\quad 2^1 \cdot 3^2 \quad = 18}$$

共通な素因数ごとに指数が小さい方の累乗を選んだその積

例　72とnの最大公約数が12となるような100以下の自然数nをすべて求めよ。

72と12を素因数分解すると，

$$72 = 2^3 \cdot 3^2, \quad 12 = 2^2 \cdot 3$$

より，72と最大公約数が12であるnは，

$$n = 2^2 \cdot 3^1 \cdot k \quad （kは2と3とは互いに素な自然数）$$

> aとbが互いに素というのは，aとbは正の公約数を1以外にもたないという意味だよ。

の形で表され，nは100以下の自然数であるから，

$$k = 1, \ 5, \ 7$$

これより，求めるnは，

$$n = 12, \ 60, \ 84$$

> kに2や3を含んでしまうと，72との最大公約数が12ではなくなってしまうね！

1 次の 2 つの数の最大公約数を求めよ。

(1) 144, 168

(2) 210, 252

2 108 と n の最大公約数が 18 となるような 200 以下の自然数 n をすべて求めよ。

108 と 18 を素因数分解すると,

$$108 = 2^2 \cdot 3^3, \quad 18 = 2 \cdot 3^2$$

より, 108 と最大公約数が 18 である n は,

$$n = 2 \cdot 3^{\boxed{\text{ア}}} \cdot k \quad (k \text{ は 2 と 3 とは互いに素な自然数})$$

の形で表され, n は 200 以下の自然数であるから,

$$k = \boxed{\text{イ}}, \quad \boxed{\text{ウ}}, \quad \boxed{\text{エ}}, \quad \boxed{\text{オ}}$$

これより, 求める n は

$$n = 2 \cdot 3^{\boxed{\text{ア}}} \cdot \boxed{\text{イ}}, \quad 2 \cdot 3^{\boxed{\text{ア}}} \cdot \boxed{\text{ウ}}, \quad 2 \cdot 3^{\boxed{\text{ア}}} \cdot \boxed{\text{エ}}, \quad 2 \cdot 3^{\boxed{\text{ア}}} \cdot \boxed{\text{オ}}$$

$$= \boxed{\text{カ}}, \quad \boxed{\text{キ}}, \quad \boxed{\text{ク}}, \quad \boxed{\text{ケ}}$$

CHALLENGE 84 と 120 と 180 の最大公約数を素因数分解を利用して求めよ。

HINT 3 つの数を素因数分解して, 共通な素因数をすべて取り出す。

✔ CHECK
47講で学んだこと

☐ 2 つ以上の整数に共通な約数をそれらの整数の「公約数」という。
☐ 公約数のうち最も大きい数を「最大公約数」という。
☐ 「最大公約数」は素因数分解したときの共通な素因数ごとに指数が小さい方の累乗を選んだ積である。

48講　2つ以上の整数について，共通な倍数で最小の数が最小公倍数！
公倍数と最小公倍数

▶ ここからはじめる　今回は，「公倍数」と「最小公倍数」について学習します。公倍数も数が大きくなると書き並べて調べるのは大変ですね。ですので，ここでは最小公倍数も「素因数分解」を用いて求める方法をマスターしていきます。

POINT 1 共通な倍数が「公倍数」，正の公倍数のうち最小の数が「最小公倍数」

2つ以上の整数に共通な倍数を，それらの整数の**公倍数**といい，正の公倍数のうち最も小さい数を**最小公倍数**といいます。

例　4の倍数は，⓪，±4，±8，±⑫，±16，±20，±㉔，…　← 4×（整数）で表される数。

6の倍数は，⓪，±6，±⑫，±18，±㉔，±30，±36，…　← 6×（整数）で表される数。

であるから，

4と6の公倍数は，0，±12，±24，±36，…　← 最小公倍数の倍数になっている。

最小公倍数はこのうち正の数で最小のものだから，12

POINT 2 最小公倍数は共通な素因数と残りの素因数をかける

例　90と168の最小公倍数を素因数分解を利用して求めよ。

2つの数を素因数分解して，

$$90 = \boxed{2} \cdot \boxed{3 \cdot 3} \cdot \boxed{5}$$
$$168 = \boxed{2 \cdot 2 \cdot 2} \cdot \boxed{3} \cdot \boxed{7}$$

$$(最小公倍数) = 2 \cdot 2 \cdot 2 \cdot 3 \cdot 3 \cdot 5 \cdot 7$$
$$= 2^3 \cdot 3^2 \cdot 5 \cdot 7$$
$$= 2520$$

$$90 = 2 \cdot 3^2 \cdot 5$$
$$168 = 2^3 \cdot 3 \quad \cdot 7$$
$$2^3 \cdot 3^2 \cdot 5 \cdot 7 = 2520$$
共通な素因数の指数が大きい方と残りの素因数をかける

のように，素因数ごとに，2つの自然数それぞれに含まれている個数のうち多い方の分だけ取り出したものの積として最小公倍数を求めることができます。また，右上のように指数に着目して求めることもできます。

例　12とnの最小公倍数が240となる自然数nをすべて求めよ。

12と240を素因数分解すると，

$$12 = 2^2 \cdot 3, \quad 240 = 2^4 \cdot 3 \cdot 5$$

12と最小公倍数が240であるnは，

$$n = 2^4 \cdot 5, \quad 2^4 \cdot 5 \cdot 3 \quad より，\quad n = 80, \ 240$$

nは2^4と5を必ず因数にもっていて，3は因数にもつ場合ともたない場合がある。

$$12 = 2 \cdot 2 \quad \cdot 3$$
$$n =$$
$$240 = 2 \cdot 2 \cdot 2 \cdot 2 \cdot 3 \cdot 5$$

例題

216と324の最小公倍数を求めよ。

- - - - - - - - - - - - - - - -

$$216 = 2^{\boxed{ア}} \cdot 3^{\boxed{イ}}, \quad 324 = 2^{\boxed{ウ}} \cdot 3^{\boxed{エ}}$$

よって，最小公倍数は，

$$2^{\boxed{オ}} \cdot 3^{\boxed{カ}} = \boxed{キ}$$

演習の解答 ➡ 別冊 P.49

1 次の2つの数の最小公倍数を求めよ。

(1) 72, 132

(2) 364, 390

2 21とnの最小公倍数が378となる自然数nをすべて求めよ。

21と378をそれぞれ素因数分解すると,

$$21 = 3 \cdot 7, \quad 378 = 2 \cdot 3^3 \cdot 7$$

これより, 21と最小公倍数が378となる自然数nは,

$$n = \boxed{}^{\,ア} \cdot \boxed{}^{\,イ\,\boxed{}^{ウ}}, \quad \boxed{}^{\,ア} \cdot \boxed{}^{\,イ\,\boxed{}^{ウ}} \cdot \boxed{}^{\,エ}$$

$$= \boxed{}^{\,オ}, \quad \boxed{}^{\,カ}$$

CHALLENGE 126, 490, 630 の最小公倍数を求めよ。

HINT 3つの数を素因数分解して, 3つの自然数それぞれに含まれている素因数のうち, 個数の多い方の分だけ取り出したものの積を考えよう。

✔ **CHECK**
48講で学んだこと

☐ 2つ以上の整数に共通な倍数を, それらの整数の「公倍数」という。
☐ 正の公倍数のうち最も小さい数を「最小公倍数」という。
☐ 「最小公倍数」は, 素因数分解したときに素因数ごとに指数が大きい方の累乗を選んだその積として求められる。

49講 ユークリッドの互除法を利用して最大公約数を求める！
ユークリッドの互除法

▶ ここからはじめる　2個以上の数の最大公約数を求めるとき，数自体が大きかったり，含まれる素因数が大きいと，素因数分解を利用する方法は少し手がかかります。ここでは，「ユークリッドの互除法」を利用した最大公約数の求め方を学習します。

POINT　$a=bq+r$ のとき，$\mathrm{GCD}(a,\,b)=\mathrm{GCD}(b,\,r)$

x と y の最大公約数を $\mathrm{GCD}(x,\,y)$ と表すことにします。

例　390 と 273 の最大公約数を求めてみましょう。

$$390=273\cdot1+117$$

> $390\div273=1$ 余り 117
> より，390 の中には 273 が1つ入っていて，117 が余っている。

390 と 273 が共通の因数（公約数）m をもつとき，

$$390-273\cdot1=117 \quad\cdots(*)$$

において，$390-273\cdot1$ は m でわり切れるので，117 も m でわり切れます。つまり，117 も m を約数としてもっているということです。よって，390 と 273 の公約数 m は 273 と 117 の公約数にもなっています。同様に 273 と 117 の公約数は 390 と 273 の公約数になります。

> 390 と 273 は 3 が公約数なので，$m=3$ として考えると，
> $$390-273\cdot1=3(130-91\cdot1)$$
> とできるので，$(*)$ は，
> $$3(130-91\cdot1)=117$$
> 左辺が 3 を因数にもつので，117 も 3 を因数にもつね！

よって，390 と 273 の最大公約数と 273 と 117 の最大公約数は等しくなります。

したがって，$390=273\cdot1+117$ のとき，

$$\underset{\substack{\text{わられる数とわる数}\\\text{の最大公約数}}}{\underline{\mathrm{GCD}(390,\,273)}}=\underset{\substack{\text{わる数と余りの}\\\text{最大公約数}}}{\underline{\mathrm{GCD}(273,\,117)}} \quad\cdots①$$

が成り立ちます。また，$273=117\cdot2+39$ より，

$$\mathrm{GCD}(273,\,117)=\mathrm{GCD}(117,\,39) \quad\cdots②$$

$117=39\cdot3$ より，

$$\mathrm{GCD}(117,\,39)=39 \quad\cdots③$$

①，②，③より，$\mathrm{GCD}(390,\,273)=39$

このようにして最大公約数を求めることを**ユークリッドの互除法**といいます。

> 一般に自然数 $a,\,b(a>b)$ について，a を b でわった商を q，余りを r とすると，
> $$\underline{a}=\underline{b}q+\underline{r}$$
> であり，
> $$\mathrm{GCD}(\underline{a},\,\underline{b})=\mathrm{GCD}(\underline{b},\,\underline{r})$$

例題

319 と 116 の最大公約数をユークリッドの互除法を用いて求めよ。

$319=116\cdot\boxed{\ ^{ア}\ }+\boxed{\ ^{イ}\ }$ より，$\mathrm{GCD}(319,\,116)=\mathrm{GCD}\big(116,\,\boxed{\ ^{イ}\ }\big)$

$116=\boxed{\ ^{イ}\ }\cdot\boxed{\ ^{ウ}\ }+\boxed{\ ^{エ}\ }$ より，$\mathrm{GCD}\big(116,\,\boxed{\ ^{イ}\ }\big)=\mathrm{GCD}\big(\boxed{\ ^{イ}\ },\,\boxed{\ ^{エ}\ }\big)$

$\boxed{\ ^{イ}\ }=\boxed{\ ^{エ}\ }\cdot\boxed{\ ^{オ}\ }$ より，$\mathrm{GCD}\big(\boxed{\ ^{イ}\ },\,\boxed{\ ^{エ}\ }\big)=\boxed{\ ^{エ}\ }$

これより，$\mathrm{GCD}(319,\,116)=\boxed{\ ^{エ}\ }$

演 習 の解答 ➡ 別冊 P.50

1 次の 2 つの数の最大公約数をユークリッドの互除法を用いて求めよ。

(1)　102，357

(2)　621，713

CHALLENGE　次の 2 つの数の最大公約数をユークリッドの互除法を用いて求めよ。

(1)　583，1537

(2)　2021，4296

✔ **CHECK**
49講で学んだこと

□　一般に自然数 a，$b(a>b)$ について，a を b でわった商を q，余りを r とすると，$a=bq+r$ であり，$\mathrm{GCD}(a,\ b)=\mathrm{GCD}(b,\ r)$

□　「$a=bq+r$ のとき，$\mathrm{GCD}(a,\ b)=\mathrm{GCD}(b,\ r)$」を用いて最大公約数を求めることを，「ユークリッドの互除法」という。

50講 方程式の整数解を求めるときは，$A \times B = M$の形に！

方程式の整数解

▶ ここからはじめる　方程式の解が整数であるとき，その解を「整数解」といいます。方程式の「整数解」はある形にすると求めやすくなります。今回はその工夫を学習し，「整数解」を求める練習をしていきましょう。

$AB = M$であれば，A, BはMの約数であることに着目する！

（xとyの式）$=0 \cdots (*)$をみたす整数x, yの組 (x, y) を$(*)$の**整数解**といいます。

$AB = M$（A, B, Mは整数）の形にできれば，A, BはMの約数であることより，整数解が求まります。

（整数）×（整数）＝（整数）の形

例　方程式 $(x+2)(y-3) = 5$ の整数解をすべて求めよ。

$x+2$, $y-3$ は整数であり，5 の約数であるから，

負の約数もあるから注意！

$$(x+2, y-3) = (1, 5), (5, 1), (-1, -5), (-5, -1)$$

より，

$$(x, y) = (-1, 8), (3, 4), (-3, -2), (-7, 2)$$

$(x+2, y-3) = (\square, \triangle)$ のとき，
$(x, y) = (\square-2, \triangle+3)$

また，$xy + ax + by + c = 0$ は次のように変形すれば$AB = M$の形に変形できます。

$$\underline{xy + ax} + by + c = 0$$
$$\underline{x(y+a)} + \underline{by} + c = 0$$
$$x(y+a) + b(y+a) - ab + c = 0$$
$$(x+b)(y+a) = ab - c$$

共通因数のxでくくる
ムリヤリ$y+a$をつくり，余計なabをひく
共通因数の$y+a$でくくる

例題

方程式 $xy + 2x - y - 9 = 0$ の整数解をすべて求めよ。

- -

$xy + 2x - y - 9 = 0$ を変形すると，

$$x(y+2) - (y+2) + \boxed{} - 9 = 0$$
$$\left(x - \boxed{}\right)(y+2) = \boxed{}$$

$x - \boxed{}$, $y+2$ は整数であり，$\boxed{}$ の約数であるから，

$$\left(x - \boxed{}, y+2\right) = \left(\boxed{}, \boxed{}\right), \left(\boxed{}, \boxed{}\right), \left(\boxed{}, \boxed{}\right),$$
$$\left(\boxed{}, \boxed{}\right)$$

（ただし，$\boxed{} < \boxed{} < \boxed{} < \boxed{}$）

よって，

$$(x, y) = \left(\boxed{}, \boxed{}\right), \left(\boxed{}, \boxed{}\right), \left(\boxed{}, \boxed{}\right),$$
$$\left(\boxed{}, \boxed{}\right)$$

1 方程式 $(x-3)(y+5)=4$ の整数解をすべて求めよ。

2 方程式 $xy-3x-2y+12=0$ の整数解をすべて求めよ。

CHALLENGE 方程式 $3xy-6x+y-7=0$ の整数解をすべて求めよ。

HINT 両辺を xy の係数である 3 でわって，xy の係数を 1 にしてから，$AB=M$ （A, B, M は整数）の形になるように調整しよう。

✔ **CHECK**
50講で学んだこと

□ $A \times B = M$ の形にして，A, B は M の約数であることに着目して求める。

51講 特殊解をみつけ $aX=bY$ の形にしよう！

1次不定方程式

▶ ここからはじめる　方程式の中には解が無数に存在する「不定方程式」とよばれる方程式があります。今回は x, y を未知数として $ax+by=c$ の形で表される1次不定方程式の整数解の求め方を学習します。

1次不定方程式は，特殊解を利用して $aX=bY$ の形にもっていく

例1　方程式 $2x=5y\cdots①$ の整数解をすべて求めよ。

2と5は互いに素であるから，k を整数として $x=5k$

①より，$2\cdot(5k)=5y$　すなわち，$y=2k$

①のすべての整数解は，$(x, y)=(5k, 2k)$　（k は整数）

> すべての解を**一般解**という。

```
        互いに素
    2  ・  x  =  5  ・  y
    5の倍数        2の倍数
```

例2　方程式 $2x-5y=1\cdots②$ の整数解をすべて求めよ。

手順1　②をみたす具体的な解（**特殊解**という）(x, y) を1組みつける。

例えば，$(x, y)=(3, 1)$ は②の特殊解である。　　　　　　$(-2, -1)$ なども特殊解。

手順2　②から特殊解を代入した式③をひく。

$(x, y)=(3, 1)$ を②に代入した式③を②からひくと，

$\quad 2(x-3)-5(y-1)=0$

$\quad 2(x-3)=5(y-1)$　…④

$$\begin{array}{r} 2x-5y=1\cdots② \\ -)\quad 2\cdot3-5\cdot1=1\cdots③ \\ \hline 2(x-3)-5(y-1)=0 \end{array}$$

2と5は互いに素であるので，④より，

$\quad (x-3, y-1)=(5k, 2k)$　（k は整数）

> 例1 と同じように，
> $2X=5Y$
> の解は，$(X, Y)=(5k, 2k)$

よって，②のすべての整数解は，$(x, y)=(5k+3, 2k+1)$　（k は整数）

例題

方程式 $5x+6y=1\cdots①$ の整数解をすべて求めよ。

- -

$(x, y)=\left(-1, \boxed{}\right)$ は①の解より，$5\cdot(-1)+6\cdot\boxed{}=1$　…②

①－②より，

$\quad 5(x+1)+6\left(y-\boxed{}\right)=0$

$\quad 5(x+1)=-6\left(y-\boxed{}\right)$　…③

$$\begin{array}{r} 5x\quad+6y\quad=1\cdots① \\ -)\ 5\cdot(-1)+6\cdot\boxed{}=1\cdots② \\ \hline 5(x+1)+6\left(y-\boxed{}\right)=0 \end{array}$$

5と6は互いに素であるから，k を整数として，

$\quad x+1=\boxed{}k$　（k は整数）

③より，$y-1=-\boxed{}k$

よって，求める整数解は，$(x, y)=\left(\boxed{}k-1,\ -\boxed{}k+1\right)$　（k は整数）

演習

1 次の方程式の整数解をすべて求めよ。

(1) $7x=4y$

(2) $3x+8y=0$

2 方程式 $11x+7y=1$ の整数解をすべて求めよ。

CHALLENGE 方程式 $4x+9y=7$ の整数解をすべて求めよ。

Chapter 4 数学の活用 — 51講 ▼ 1次不定方程式

HINT $4x+9y=1$ の特殊解を (x_0, y_0) とすると, $4x_0+9y_0=1$ が成り立ち, この両辺を 7 倍して, $4x+9y=7$ からひけば, $4(x-7x_0)+9(y-7y_0)=0$ の形にできる。

✓ CHECK
51講で学んだこと

□ $ax=by$(a, b:互いに素な整数)の整数解(x, y)は(bk, ak)(k:整数)
□ 1次不定方程式 $ax+by=1$ (a, b:互いに素な整数)は特殊解を利用して $aX=bY$ の形にもっていく。

52講 2進法が何かを学んでいこう！

2進法

▶ ここからはじめる　今回は、「2進法」について学習します。普段は0〜9の数字を用いた「10進法」で数を表しています。2進法は「0」と「1」の2つの数字で数を表します。2進法はコンピュータなどさまざまなところで活躍しています。

POINT

$abc_{(2)}$は2^2をa個, 2をb個, 1をc個合わせたもの

0から9までの10種類の数字を使って、10で位が1つ繰り上がるように数を表す方法を**10進法**といいます。また、10進法で表される数を**10進数**といいます。

例　$4167 = 1000 \cdot 4 + 100 \cdot 1 + 10 \cdot 6 + 1 \cdot 7$
$ = 10^3 \cdot 4 + 10^2 \cdot 1 + 10^1 \cdot 6 + 10^0 \cdot 7$

10^3の位	10^2の位	10^1の位	10^0の位
4	1	6	7

一方で、0と1の2つの数字だけを使って、2で位が1つ繰り上がるように数を表す方法を**2進法**といいます。また、2進法で表される数を**2進数**といいます。

2進法で表された数abcを$abc_{(2)}$と書き、これは2^2をa個, 2^1をb個, 2^0をc個合わせたものを表します。

例えば、$101_{(2)}$は、

2^2の位が1, 2^1の位が0, 2^0の位が1

を表し、$101_{(2)}$を10進法で表すと、

2^2の位	2^1の位	2^0の位
1	0	1

$101_{(2)} = 2^2 \cdot 1 + 2^1 \cdot 0 + 2^0 \cdot 1$
$\phantom{aa101_{(2)}} = 4 \cdot 1 + 2 \cdot 0 + 1 \cdot 1$
$\phantom{aa101_{(2)}} = 5$

一般に、次のことが成り立ちます。

$\cdots fedcba_{(2)} = \cdots + 2^5 \cdot f + 2^4 \cdot e + 2^3 \cdot d + 2^2 \cdot c + 2^1 \cdot b + 2^0 \cdot a$

（aは2^0の個数, bは2^1の個数, cは2^2の個数, dは2^3の個数, $\cdots$
を表し, $a, b, c, d, \cdots$はいずれも**0または1**）

$2^0 = 1$

例題

2進法で表された数$10011_{(2)}$を10進法で表せ。

- -

$10011_{(2)} = 2^{\boxed{ア}} \cdot 1 + 2^{\boxed{イ}} \cdot 0 + 2^{\boxed{ウ}} \cdot 0 + 2^{\boxed{エ}} \cdot 1 + 2^{\boxed{オ}} \cdot 1$

$\phantom{10011_{(2)}} = \boxed{カ} \cdot 1 + \boxed{キ} \cdot 0 + \boxed{ク} \cdot 0 + \boxed{ケ} \cdot 1 + \boxed{コ} \cdot 1$

$\phantom{10011_{(2)}} = \boxed{サ}$

例題の解答　⑦4 ⑦3 ⑦2 ㉑1 ㋐0 ㋙16 ㋖8 ⑦4 ㋘2 ㋛1 ㋚19

演 習

1 2進法で表された次の数を10進法で表せ。

(1) $11101_{(2)}$ (2) $110001_{(2)}$ (3) $1101010_{(2)}$

CHALLENGE 1から15までの自然数が，次のように4枚のカードA, B, C, Dに書かれている。

A			
1	3	5	7
9	11	13	15

B			
2	3	7	11
14	15	X	Y

C			
4	5	7	13
14	15	X	Z

D			
8	9	11	13
14	15	Y	Z

　Aには，2進法で書き表したとき，2^0の位が1になる自然数が書かれている。同様にB～Dも，2進法で書き表したとき共通の位が1になるようなルールに基づいて自然数1～15が書かれている。

　このとき，X, Y, Zの値を求めよ。

HINT　まずは1～15を順番に2進法で表してみよう。それぞれのカードはどの位が1になっているだろうか。

  **52講で学んだこと**

□ 0から9までの10種類の数字を使って数を表す方法を10進法といい，0と1の2つの数字だけで数を表す方法を2進法という。
□ $\cdots fedcba_{(2)} = \cdots + 2^5 \cdot f + 2^4 \cdot e + 2^3 \cdot d + 2^2 \cdot c + 2^1 \cdot b + 2^0 \cdot a$

53講 2でわっていき, 余りを逆順に読む！

10進法を2進法へ

▶ ここからはじめる 今回は, 10進法で表された数を2進法で表す方法について学習します。実は10進法で表された数を「2でわって余りを求める」だけで直すことができます。その方法を詳しく見ていきましょう！

2進法で表すには, 順に2でわっていき, 2でわった余りを逆順に読む

例 10進法で表された数23を2進法で表せ。

手順1 23を2でわった商と余りを求める。

商は11, 余りは1

であり, この結果を右のように書く。

手順2 **手順1** で求めた商をまた2でわり, 商と余りを求め, これを商が0になるまでくり返す。

手順3 出てきた余りを下から(逆から)読む。

右の図より, 10111(2)

$$
\begin{array}{r|l}
2)23 & \text{余り} \\
2)11 & \cdots 1 \quad \uparrow \\
2)5 & \cdots 1 \\
2)2 & \cdots 1 \\
2)1 & \cdots 0 \\
0 & \cdots 1 \\
\end{array}
$$

これが2進法で表された23になります。

まとめると,

2でわっていき, 出てきた余りを逆順に読む

ことで**10進法**で表された数を**2進法**で表すことができます。

例題

10進法で表された数58を2進法で表せ。

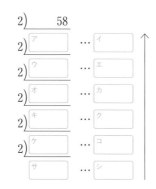

$$
\begin{array}{r|l}
2)58 & \\
2)\boxed{ア} & \cdots \boxed{イ} \quad \uparrow \\
2)\boxed{ウ} & \cdots \boxed{エ} \\
2)\boxed{オ} & \cdots \boxed{カ} \\
2)\boxed{キ} & \cdots \boxed{ク} \\
2)\boxed{ケ} & \cdots \boxed{コ} \\
\boxed{サ} & \cdots \boxed{シ} \\
\end{array}
$$

よって, 58を2進法で表すと, $\boxed{ス}$ (2)

1 次の 10 進法で表された数を, 2 進法で表せ。

(1) 86 　　　　　　　　　　　　　(2) 128

CHALLENGE 　1g, 2g, 4g, 8g, 16g, 32g, 64g の重りが 1 個ずつある。これらを使って 120g の重さを量りたい。何gの重りを使えばよいか。

\i/
HINT 　重りがすべて 2ⁿ の形であることに着目しよう。

✔ **CHECK**
53講で学んだこと

□ 10進法を 2 進法で表すには, 2 でわるわり算で, 出てきた余りを逆順に読む。

54講　ある点の位置を示すために，数の組を使う！
平面上の点の位置

▶ ここからはじめる 今回は「座標平面」を用いた「平面上の点の位置」について学習します。平面上である点の位置を説明するときに，基準となる点（原点）からどれくらい離れているかを説明するには，座標がとても便利です。ここで学習していきましょう。

POINT 1　x軸方向にa, y軸方向にb進んだ位置は(a, b)と表せる

右の図のように，平面上で2本の数直線「x軸」と「y軸」が直交する点をOとし，Oを基準とした平面上の点の位置を考えます。この点Oを**原点**といいます。

点Oからx軸方向にa, y軸方向にb進んだ位置の点Pを$P(a, b)$（aとbは実数）と表します。

これを点Pの**座標**といい，aをPの**x座標**，bをPの**y座標**といいます。このように座標が定められた平面を**座標平面**といいます。

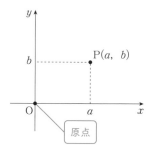

POINT 2　2点$A(x_1, y_1)$, $B(x_2, y_2)$間の距離は$\sqrt{(x_2-x_1)^2+(y_2-y_1)^2}$

平面上の2点$A(x_1, y_1)$, $B(x_2, y_2)$間の距離ABは，直線ABがx軸，y軸に平行でないときは，直角三角形ABCにおいて三平方の定理から，

$$AB=\sqrt{AC^2+BC^2}$$
$$=\sqrt{(\text{AとBの}x\text{座標の差})^2+(\text{AとBの}y\text{座標の差})^2}$$
$$=\sqrt{(x_2-x_1)^2+(y_2-y_1)^2}$$

と求めることができます。

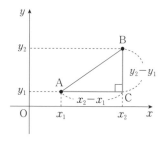

例題

1 平らな広場の地点Oを原点として，東の方向をx軸の正の向き，北の方向をy軸の正の向きとする座標平面を考える。また，1mを1の長さとする。このとき地点Oから東に5m，南に2m進んだ位置にある点の座標を求めよ。

2 座標平面上の2点$A(3, 1)$, $B(7, 3)$間の距離ABを求めよ。

- - - - - - - - - - - -

1

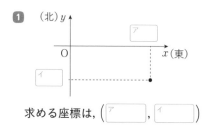

求める座標は，$\left(\boxed{}^{ア}, \boxed{}^{イ}\right)$

2

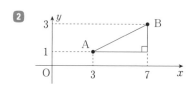

$$AB=\sqrt{\left(7-\boxed{}^{ウ}\right)^2+\left(3-\boxed{}^{エ}\right)^2}$$
$$=\boxed{}^{オ}\sqrt{\boxed{}^{カ}}$$

1 平らな広場の地点Oを原点として，東の方向を x 軸の正の向き，北の方向を y 軸の正の向きとする座標平面を考える。また，1mを1の長さとする。

　このとき，地点Oから西に3m，北に4m進んだ位置にある点の座標を求めよ。

2 座標平面上の2点A$(-3, 2)$，B$(2, -10)$間の距離ABを求めよ。

CHALLENGE　平らな広場の地点Oを原点として，東の方向を x 軸の正の向き，北の方向を y 軸の正の向きとする座標平面を考える。また，1mを1の長さとする。

　広場の地点O$(0, 0)$にゆうじ君，地点A$(21, 0)$にりゅうのすけ君が立っている。ゆうじ君からの距離が20m，りゅうのすけ君からの距離が13mの地点Pにえりさんが立っているとき，えりさんがいる地点Pの座標を求めよ。ただし，点Pの y 座標は正とする。

HINT P(x, y) $(y>0)$とし，PからOAに下ろした垂線とOAとの交点をHとする。△OPHと△APHで三平方の定理を使おう。

✔ CHECK
54講で学んだこと

□ 座標平面上で x 軸方向に a，y 軸方向に b 進んだ点は (a, b) と表せる。
□ 2点A(x_1, y_1)，B(x_2, y_2)間の距離は，$\sqrt{(x_2-x_1)^2+(y_2-y_1)^2}$

55講 空間の場合は座標軸が3つ！
空間の点の位置

▶ここからはじめる　今回は「空間の点の位置」について学習します。平面のときと同じように、空間の点においても座標を用いて点を表せたら便利ですね。空間ではx軸，y軸に加えてz軸を用いて考えます。

POINT
x軸方向にa，y軸方向にb，z軸方向にc進んだ位置は(a, b, c)

　右の図のように，空間において3本の数直線「x軸」と「y軸」と「z軸」が互いに直交する点をOとし，Oを基準とした空間の点の位置を考えます。この点Oを**原点**といいます。

　　　x軸とy軸が定める平面をxy**平面**，
　　　y軸とz軸が定める平面をyz**平面**，
　　　z軸とx軸が定める平面をzx**平面**

といい，これらをまとめて**座標平面**といいます。

　点Oからx軸方向にa，y軸方向にb，z軸方向にc進んだ位置の点Pを$P(a, b, c)$（a, b, cは実数）と表します。

　これを点Pの**座標**といい，aをPのx**座標**，bをPのy**座標**，cをPのz**座標**といいます。また，このような座標の定められた空間を**座標空間**といいます。

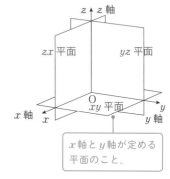

x軸とy軸が定める平面のこと。

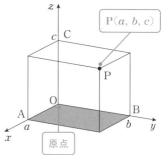

　座標空間における2点$A(x_1, y_1, z_1)$，$B(x_2, y_2, z_2)$間の距離について考えます。右下の図はACがx軸に平行，AEがy軸に平行，AFがz軸に平行です。

$$AB^2 = AD^2 + DB^2$$

△ADBで三平方の定理。

$$= AC^2 + CD^2 + DB^2$$

△ACDで三平方の定理

より，

$$AB = \sqrt{AC^2 + CD^2 + DB^2}$$
$$= \sqrt{(x_2 - x_1)^2 + (y_2 - y_1)^2 + (z_2 - z_1)^2}$$

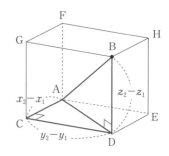

例　平らな広場の地点Oを原点として，東の方向をx軸の正の向き，北の方向をy軸の正の向き，真上の方向をz軸の正の向きとする座標空間を考える。また，1mを1の長さとする。このとき地点Oから東に3m，南に2m進み，真下に4m下がった位置にある点の座標を求めよ。

　x座標は3，y座標は-2，z座標は-4であるから，求める座標は

　　　$(3, -2, -4)$

1 平らな広場の地点 O を原点として，東の方向を x 軸の正の向き，北の方向を y 軸の正の向き，真上の方向を z 軸の正の向きとする座標空間を考える。また，1 m を 1 の長さとする。

地点 O から西に 2 m，北に 3 m 進み，真上に 5 m 上がった位置にある点の座標を求めよ。

2 (1) 原点と A$(3, -4, 5)$ の距離を求めよ。

(2) 座標空間における 2 点 A$(-3, 2, 5)$，B$(0, 4, -1)$ 間の距離 AB を求めよ。

CHALLENGE 座標空間において，A$(4, 3, 0)$，B$(4, 5, -2)$，C$(2, 3, -2)$ を頂点とする三角形は正三角形であることを示せ。

˙\ ¦ /
HINT AB=BC=CA を示そう。

✔ CHECK
55講で学んだこと

□ 座標空間において，x 軸方向に a，y 軸方向に b，z 軸方向に c 進んだ点は (a, b, c) と表せる。

□ 座標空間における 2 点 A(x_1, y_1, z_1)，B(x_2, y_2, z_2) 間の距離は，
$\sqrt{(x_2-x_1)^2+(y_2-y_1)^2+(z_2-z_1)^2}$

小倉　悠司（おぐら　ゆうじ）
河合塾講師, Ｎ予備校・Ｎ高等学校・Ｓ高等学校数学担当
学生時代から授業を研究し,「どのように」だけではなく「なぜ」にも
こだわった授業を展開。自力で問題を解く力がつくと絶大な支持を
受ける。
また, 数学を根本から理解でき「おもしろい！」と思ってもらえるよ
う工夫し, 授業・教材作成を行っている。著書に「小倉悠司のゼロから
始める数学Ⅰ・Ａ」(KADOKAWA),「試験時間と得点を稼ぐ最速計算
数学Ⅰ・Ａ/数学Ⅱ・Ｂ」(旺文社) などがある。

著者 小倉悠司

小倉のここからはじめる数学Ａドリル

PRODUCTION STAFF

ブックデザイン	植草可純　前田歩来（APRON）
著者イラスト	芦野公平
本文イラスト	須澤彩夏
企画編集	髙橋龍之助（Gakken）
編集担当	小椋恵梨　荒木七海（Gakken）
編集協力	株式会社 オルタナプロ
執筆協力	石田和久先生　田井智暁先生　中邨雪代先生　山口和人先生
	渡辺幸太郎先生
校正	森一郎　竹田直　田中琢朗
販売担当	永峰威世紀（Gakken）
データ作成	株式会社 四国写研
印刷	株式会社 リーブルテック

小倉のここからはじめる数学Aドリル

別 冊

解答
解説

Answer and Explanation
A Workbook for Students to Get into College
Mathematics A by Yuji Ogura

Gakken

小倉のここからはじめる数学Aドリル

ⓈⒸ 解答解説

答え合わせのあと
必ず解説も読んで
理解を深めよう

MEMO

1 1以上100以下の整数のうち, 次の数の倍数の個数を求めよ。

(1) 3の倍数

$100 \div 3 = 33.3\cdots$

より, $3 \cdot 1$ から $3 \cdot 33$ までの

33個 答

(2) 5の倍数

$100 \div 5 = 20$

より, $5 \cdot 1$ から $5 \cdot 20$ までの

20個 答

(3) 13の倍数

$100 \div 13 = 7.6\cdots$

より, $13 \cdot 1$ から $13 \cdot 7$ までの

7個 答

2 (1) 1以上50以下*zz*の整数のうち, 5の倍数でない数の個数を求めよ。

1以上50以下の整数を全体集合 U, このうち5の倍数の集合を A とすると,

$50 \div 5 = 10$ より,

$n(A) = 10$ ● — $A = \{5 \cdot 1,\ 5 \cdot 2,\ \cdots\cdots,\ 5 \cdot 10\}$

5の倍数でない数の個数は,

$n(\overline{A}) = n(U) - n(A) = 50 - 10 = 40$(個) 答

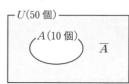

(2) 1以上70以下の整数のうち, 4で割り切れない数の個数を求めよ。

1以上70以下の整数を全体集合 U, このうち4で割り切れる数の集合を B とすると,

$70 \div 4 = 17.5$ より,

$n(B) = 17$ ● — $B = \{4 \cdot 1,\ 4 \cdot 2,\ \cdots\cdots,\ 4 \cdot 17\}$

4で割り切れない数の個数は

$n(\overline{B}) = n(U) - n(B) = 70 - 17 = 53$(個) 答

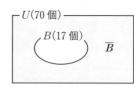

CHALLENGE 全体集合 U を51以上100以下の整数, U の要素のうち3の倍数の集合を A とするとき, 次の値を求めよ。

(1) $n(A)$

1以上100以下の整数のうち, 3の倍数の個数は $100 \div 3 = 33.3\cdots$ より,

33個

1以上50以下の整数のうち, 3の倍数の個数は $50 \div 3 = 16.6\cdots$ より,

16個

これより, 51以上100以下の整数のうち, 3の倍数の個数は,

$n(A) = 33 - 16 = 17$(個) 答 ●————

$A = \{3 \cdot 17, 3 \cdot 18, 3 \cdot 19, \cdots\cdots, 3 \cdot 33\}$
$\{3 \cdot 1, 3 \cdot 2, 3 \cdot 3, \cdots\cdots, 3 \cdot 16\}$ は50以下の
3の倍数になる。

▶ 参考

1以上50以下の3の倍数　51以上100以下の3の倍数
$\underbrace{3 \cdot 1, 3 \cdot 2, \cdots\cdots, 3 \cdot 16}_{16個},\ \underbrace{3 \cdot 17, 3 \cdot 18, \cdots\cdots, 3 \cdot 33}$
　　　　　　　　　33個

よって, 51以上100以下の3の倍数は,

$33 - 16 = 17$(個)

(2) $n(\overline{A})$

$n(U) = 100 - 50 = 50$ より,

$n(\overline{A}) = n(U) - n(A) = 50 - 17 = 33$(個) 答

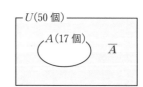

1 (1) $A=\{2, 3, 5, 7, 11, 13\}$, $B=\{1, 3, 5, 7, 9, 11, 13, 15\}$ のとき，
$A \cup B$ の要素の個数を求めよ。

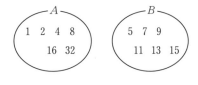

$A \cap B=\{3, 5, 7, 11, 13\}$ より，$n(A \cap B)=5$
よって，
$$\begin{aligned}
n(A \cup B) &= n(A)+n(B)-n(A \cap B) \\
&= 6+8-5 \quad \xleftarrow{\quad} \quad \boxed{n(A)=6,\ n(B)=8, \\ n(A \cap B)=5} \\
&= 9 (個) \quad 答
\end{aligned}$$

(2) $A=\{1, 2, 4, 8, 16, 32\}$, $B=\{5, 7, 9, 11, 13, 15\}$ のとき，
$A \cup B$ の要素の個数を求めよ。

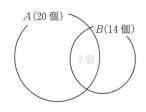

$A \cap B=\varnothing$ より，$n(A \cup B)=n(A)+n(B)$
$$\begin{aligned}
&= 6+6 \quad \xleftarrow{\quad} \quad \boxed{n(A)=6,\ n(B)=6} \\
&= 12 (個) \quad 答
\end{aligned}$$

2 100 以下の自然数のうち，5 の倍数または 7 の倍数である数の個数を求めよ。

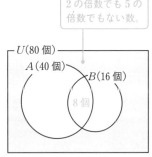

5 の倍数の集合を A，7 の倍数の集合を B とする。
$100 \div 5=20$ より，
$\quad n(A)=20$ $\quad \xleftarrow{\quad} \quad \boxed{A=\{5 \cdot 1,\ 5 \cdot 2,\ \cdots\cdots,\ 5 \cdot 20\}}$
$100 \div 7=14.\cdots\cdots$ より，
$\quad n(B)=14$ $\quad \xleftarrow{\quad} \quad \boxed{B=\{7 \cdot 1,\ 7 \cdot 2,\ \cdots\cdots,\ 7 \cdot 14\}}$
$100 \div 35=2.\cdots\cdots$ より，
$\quad n(A \cap B)=2$ $\quad \xleftarrow{\quad} \quad \boxed{A \cap B=\{35 \cdot 1,\ 35 \cdot 2\}}$
よって，
$$\begin{aligned}
n(A \cup B) &= n(A)+n(B)-n(A \cap B) \\
&= 20+14-2 \\
&= 32 (個) \quad 答
\end{aligned}$$

CHALLENGE 80 以下の自然数のうち，2 の倍数でも 5 の倍数でもない数の個数を求めよ。

80 以下の自然数全体を集合 U，2 の倍数の集合を A，5 の倍数の集合を B とする。
このとき，2 の倍数でも 5 の倍数でもない数の集合は $\overline{A} \cap \overline{B}$ と表せる。

$80 \div 2=40$ より，$n(A)=40$ $\quad \xleftarrow{\quad} \quad \boxed{A=\{2 \cdot 1,\ 2 \cdot 2,\ \cdots\cdots,\ 2 \cdot 40\}}$

$80 \div 5=16$ より，$n(B)=16$ $\quad \xleftarrow{\quad} \quad \boxed{B=\{5 \cdot 1,\ 5 \cdot 2,\ \cdots\cdots,\ 5 \cdot 16\}}$

$A \cap B$ は「2 の倍数かつ 5 の倍数」の集合，すなわち 10 の倍数の集合である。
$80 \div 10=8$ より，$n(A \cap B)=8$ $\quad \xleftarrow{\quad} \quad \boxed{A \cap B=\{10 \cdot 1,\ 10 \cdot 2,\ \cdots\cdots,\ 10 \cdot 8\}}$
よって，
$$\begin{aligned}
n(A \cup B) &= n(A)+n(B)-n(A \cap B) \\
&= 40+16-8 \\
&= 48
\end{aligned}$$
より，$n(\overline{A} \cap \overline{B})=n(\overline{A \cup B})$
$$\begin{aligned}
&= n(U)-n(A \cup B) \\
&= 80-48 \\
&= 32 (個) \quad 答
\end{aligned}$$

1 大小2個のさいころを同時に投げるとき, 目の和が10以上になる場合の数を求めよ。

　表を作って, 目の和が10以上になる目の出方の部分に○をつけると右の表のようになるので,

　　　6通り 答

小＼大	1	2	3	4	5	6
1						
2						
3						
4						○
5					○	○
6				○	○	○

▶ 参考
　表を用いずに,
　　(大, 小)＝(4, 6), (5, 5), (6, 4), (5, 6), (6, 5), (6, 6)
　の6通りと数えてもよい。

2 2個のさいころを同時に投げるとき, 奇数の目と偶数の目が1つずつ出る場合の数は何通りあるか求めよ。

　樹形図ですべての場合を書き出すと,

$$1 \begin{cases} 2 \\ 4 \\ 6 \end{cases} \quad 3 \begin{cases} 2 \\ 4 \\ 6 \end{cases} \quad 5 \begin{cases} 2 \\ 4 \\ 6 \end{cases}$$

　よって, 9通り 答

3 赤玉3個, 緑玉2個, 白玉1個の中から3個を選んで並べるとき, 並べ方は全部で何通りあるか求めよ。

　樹形図ですべての場合を書き出すと,

　よって, 19通り 答

CHALLENGE　9個のボールを3つの区別のつかない箱に分けて入れるとき, 入れ方の総数を求めよ。ただし, 1つの箱には最大6個までしか入れることができず, どの箱にも少なくとも1個はボールを入れるものとする。

　樹形図ですべての場合を書き出すと,

$$1 \begin{cases} 1 — 7 \ × \\ 2 — 6 \ ○ \\ 3 — 5 \ ○ \\ 4 — 4 \ ○ \end{cases} \quad 2 \begin{cases} 2 — 5 \ ○ \\ 3 — 4 \ ○ \end{cases} \quad 3 — 3 — 3 \ ○$$

最大6個に反する。

入れるボールの個数が少ない箱から順に, 左から書き出していくとよい！

　よって, 6通り 答

▶ 参考
　今回は, 区別のつかない箱に分けて入れるので, 「1−2−6」と「1−6−2」は同じと考えます。ですので,
　　　　　　　「個数が少ない順に左から書く」
　というルールで数えると, もれなく重複なく数えることができます。

1 大小 2 個のさいころを同時に投げるとき，次の場合の数を求めよ。

(1) 目の和が 7 または 8 になる

(i) 目の和が 7 のとき
(大, 小)＝(1, 6), (2, 5), (3, 4), (4, 3)
(5, 2), (6, 1)
の 6 通り
(ii) 目の和が 8 のとき，
(大, 小)＝(2, 6), (3, 5), (4, 4),
(5, 3), (6, 2)
の 5 通り
(i)と(ii)は同時に起こることはない。
よって，目の和が 7 または 8 となるのは，
6＋5＝11（通り） 答

(2) 目の積が奇数になる

(ア) さいころ小が奇数の目となるのは，1, 3, 5 の
3 通り
(イ) さいころ大が奇数の目となるのは，1, 3, 5 の
3 通り
(ア)と(イ)がともに起こると，目の積が奇数になる。
よって，目の積が奇数となるのは，
3×3＝9（通り） 答

2 あるサッカーチームではユニホームのシャツを 4 種類，ズボンを 3 種類，靴下を 2 種類もっている。このとき，シャツ・ズボン・靴下の組合せは全部で何通りあるか。

あるシャツに対し，ズボン，靴下の組合せは，
3×2（通り）
シャツ 4 種類それぞれに同じだけズボン，靴下の
組合せがあるので，
4×3×2＝24（通り） 答

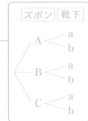

▶ 参考

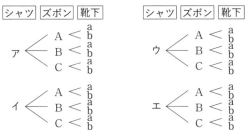

CHALLENGE P, Q, R, S の町は右の図のように何本かの道でつながっている。
このとき，P から S へ行く行き方は何通りあるか。ただし，同じ町
を 2 度通らないものとする。

(i) 「P→Q→S」のとき
2×1＝2（通り）
(ii) 「P→R→S」のとき
3×2＝6（通り）
(i), (ii)は同時に起こることはないので，P から S へ行く行き方は，
2＋6＝8（通り） 答

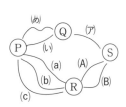

1 次の値を求めよ。

(1) $_6P_2$
$_6P_2 = 6 \cdot 5$
$= 30$ 答

(2) $_9P_3$
$_9P_3 = 9 \cdot 8 \cdot 7$
$= 504$ 答

(3) $4!$
$4! = 4 \cdot 3 \cdot 2 \cdot 1$
$= 24$ 答

(4) $8!$
$8! = 8 \cdot 7 \cdot 6 \cdot 5 \cdot 4 \cdot 3 \cdot 2 \cdot 1$
$= 40320$ 答

2 次の場合の数を求めよ。

(1) 異なる7冊の本の中から3冊を選んで, 1列に並べる方法。

$_7P_3 = 7 \cdot 6 \cdot 5$
$= 210$(通り) 答

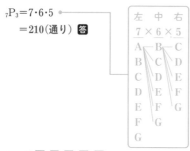

(2) 5枚のカード $\boxed{1}, \boxed{2}, \boxed{3}, \boxed{4}, \boxed{5}$ から2枚を使って, 作ることができる2桁の整数。

$_5P_2 = 5 \cdot 4$
$= 20$(通り) 答

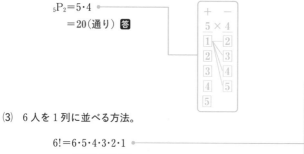

(3) 6人を1列に並べる方法。

$6! = 6 \cdot 5 \cdot 4 \cdot 3 \cdot 2 \cdot 1$
$= 720$(通り) 答

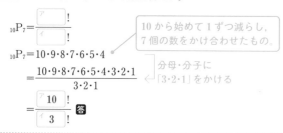

CHALLENGE 次の空欄に当てはまる数を答えよ。

$_{10}P_7 = \dfrac{\boxed{}!}{\boxed{}!}$

10から始めて1ずつ減らし, 7個の数をかけ合わせたもの。

$_{10}P_7 = 10 \cdot 9 \cdot 8 \cdot 7 \cdot 6 \cdot 5 \cdot 4$

分母・分子に「$3 \cdot 2 \cdot 1$」をかける

$= \dfrac{10 \cdot 9 \cdot 8 \cdot 7 \cdot 6 \cdot 5 \cdot 4 \cdot 3 \cdot 2 \cdot 1}{3 \cdot 2 \cdot 1}$

$= \dfrac{\boxed{10}!}{\boxed{3}!}$ 答

▶ 参考

$_nP_r = n(n-1)(n-2) \cdots (n-r+1)$

$= \dfrac{n(n-1)(n-2) \cdots (n-r+1)(n-r)(n-r-1) \cdots 1}{(n-r)(n-r-1) \cdots 1}$

$= \dfrac{n!}{(n-r)!}$

1 男子 4 人と女子 2 人が 1 列に並ぶ。このとき，次のような並び方は何通りあるか。

(1) 女子 2 人が隣り合う並び方。

隣り合う女子をひとかたまりとし女子とする。
男子 4 人と女子を並べた後，女子の並び方を考えると，
$$5! \times 2! = 120 \times 2 = 240 （通り）\;\text{答}$$

男子を A, B, C, D, 女子をア, イとする。
$$\overset{5!}{\overbrace{\text{A, B, C, D, ア, イ}}} \times \overset{2!}{\overbrace{}}$$
女子の 並び方
並び方

(2) 両端が男子となる並び方。

先に両端に男子を並べた後，残り 4 人を並べると，
$$_4P_2 \times 4! = 12 \times 24 = 288 （通り）\;\text{答}$$

① ② ③ ④ ⑤ ⑥

残りの男子と
女子を並べる
4! = 24（通り）
男子を並べる
$_4P_2 = 12$（通り）

2 男子 3 人と女子 3 人が 1 列に並ぶ。このとき，次のような並び方は何通りあるか。

(1) 女子 3 人が連続する並び方。

連続する女子 3 人をひとかたまりとし女子とする。
男子 3 人と女子を並べた後，女子の並び方を考えると
$$4! \times 3! = 24 \times 6 = 144 （通り）\;\text{答}$$

男子を A, B, C, 女子をア, イ, ウとする。
$$\overset{4!}{\overbrace{\text{A, B, C, ア, イ, ウ}}} \times \overset{3!}{\overbrace{}}$$
女子の 並び方
並び方

(2) 女子 3 人のうちどの 2 人も隣り合わない並び方。

隣り合ってもよい男子 3 人を先に並べ，その間および両端に女子を並べると，
$$3! \times _4P_3 = 6 \times 24$$
$$= 144 （通り）\;\text{答}$$

A, B, C の
並び方

① 男 ② 男 ③ 男 ④

女子 3 人の入り方は，
ア イ ウ
$4 \times 3 \times 2 = _4P_3$

CHALLENGE 6 枚のカード⓪, 1, 2, 3, 4, 5 から 3 枚を取り出し，並べて作ることができる 3 桁の偶数は何通りあるか。

(i) 一の位が⓪のとき
百の位，十の位の決め方は，
$$_5P_2 = 20 （通り）$$

(ii) 一の位が2または4のとき
百の位を決めてから，十の位を決めるから，
$$2 \times 4 \times 4 = 32 （通り）$$

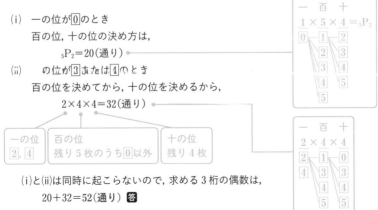

一の位
2, 4

百の位
残り 5 枚のうち⓪以外

十の位
残り 4 枚

(i)と(ii)は同時に起こらないので，求める 3 桁の偶数は，
$$20 + 32 = 52 （通り）\;\text{答}$$

1 次の場合は全部で何通りあるか求めよ。

(1) 5人でじゃんけんをするとき, その手の出し方。

手の出し方は5人それぞれグー, チョキ, パーの3通りずつあるから,

$3^5 = 243$(通り) 答

(2) 1枚の硬貨を続けて4回投げるとき, 表と裏の出方。

毎回表と裏の2通りずつあるから,

$2^4 = 16$(通り) 答

2 0, 1, 2, 3, 4, 5の6種類の数字を使って4桁の整数を作るとき, 次の場合はそれぞれ何通りあるか。ただし, 同じ数字を何度使ってもよい。

(1) 4桁の整数

千の位は1〜5の5通り, そのほかの位は0〜5の6通りなので,

$5 \times 6 \times 6 \times 6 = 1080$(通り) 答

(2) 4桁の奇数

一の位は1, 3, 5の3通り, 千の位は1〜5の5通り, 百, 十の位はそれぞれ0〜5の6通りなので,

$3 \times 5 \times 6 \times 6 = 540$(通り) 答

CHALLENGE 集合$A = \{a, b, c, d, e\}$の部分集合の個数を求めよ。

$\{a, b, c, d, e\}$ 部分集合

× × × × × ⇒ ϕ

○ × ○ × × ⇒ $\{a, c\}$

× ○ ○ × ○ ⇒ $\{b, c, e\}$

⋮ ⋮

5個の○, ×の並べ方だけ集合Aの部分集合はある。

のように, 要素をもつを「○」, 要素をもたないを「×」とする。それぞれの要素が○か×かの2通りずつ考えることができるから, 集合Aの部分集合の個数は,

$2^5 = 32$(個) 答

▶ 参考

ϕ(空集合)はすべてのどんな集合の部分集合でもあるので, もちろん$A = \{a, b, c, d, e\}$の部分集合でもある。

1 次の場合は全部で何通りあるか。

(1) 男子 4 人, 女子 3 人が手をつないで輪を作る。

男女合わせて 7 人の円順列であるから,
$$(7-1)!=6!$$
$$=6\cdot5\cdot4\cdot3\cdot2\cdot1$$
$$=720(通り) 答$$

「男₁からみた風景の種類」
が求める場合の数より,
男₂, 男₃, 男₄, 女₁, 女₂, 女₃の並べ方
になる。

(2) 異なる 6 色のクレヨンで右の図形に色を塗る。ただし, 同じ色のクレヨンを 2 か所に塗ることはできない。

回転して同じ塗り方になるものは除くから, 円順列であるため,
$$(6-1)!=5!$$
$$=5\cdot4\cdot3\cdot2\cdot1$$
$$=120(通り) 答$$

6色を「赤, 青, 黄, 緑, 紫, 黒」
とすると,

残り 5 色をどう塗るか。

① ② ③ ④ ⑤
$$5\times4\times3\times2\times1$$
青 黄 緑 紫 黒
黄 緑 紫 黒
緑 紫 黒
紫 黒
黒

2 3 人の男子 A, B, C と, 3 人の女子ア, イ, ウが円卓に座る。

(1) 女子 3 人が連続するような座り方は何通りあるか。

女子を 1 つのかたまりとし 女子 とする。
A, B, C, 女子 の 4 つを円形に並べる方法は,
$$(4-1)!(通り)$$
女子 の中の女子の並べかえは,
$$3!(通り)$$
よって,
$$(4-1)!\times3!=36(通り) 答$$

$(4-1)!\times3!$
A, B, C, ア, イ, ウ
女子 の   の並び方
円順列

(2) 男子と女子が交互に座るような座り方は何通りあるか。

A からみた風景で考えると
男子の並べ方が, 2!(通り)
女子の並べ方が, 3!(通り)
よって,
$$2!\times3!=12(通り) 答$$

男子 B, C を②, ④に並べて, 女子ア, イ, ウを①, ③, ⑤に並べる並べ方が, A からみた風景の種類だね!

CHALLENGE 先生 2 人と生徒 4 人が円卓を囲むとき, 先生が向かい合う座り方は何通りあるか。

ある先生からみた風景を考えると, 先生 2 人が向かい合うとき, もう 1 人の先生の座る場所は自動的に決まるので, 生徒 4 人の座り方の総数を求めればよいから,
$$1\times4!=24(通り) 答$$

先生 A からみた風景を考えると, 先生 B が座る位置は自動的に決まり（1 通り）, ①〜④に生徒が座る座り方を考える。

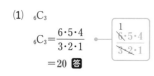

Chapter 1 09講 組合せ

演習の問題 →本冊 P.35

1 次の値を求めよ。

(1) $_6C_3$

$$_6C_3 = \frac{6 \cdot 5 \cdot 4}{3 \cdot 2 \cdot 1}$$

$$= 20 \; \text{答}$$

$$\frac{1}{\cancel{6} \cdot 5 \cdot 4}{\cancel{3 \cdot 2 \cdot 1}}$$

(2) $_7C_5$

$$_7C_5 = \frac{7 \cdot 6 \cdot 5 \cdot 4 \cdot 3}{5 \cdot 4 \cdot 3 \cdot 2 \cdot 1}$$

$$= 21 \; \text{答}$$

$$\frac{3}{\cancel{7} \cdot \cancel{6} \cdot \cancel{5} \cdot \cancel{4} \cdot \cancel{3}}{\cancel{5 \cdot 4 \cdot 3 \cdot 2 \cdot 1}}$$

(3) $_5C_1$

$$_5C_1 = 5 \; \text{答}$$

2 1 から 20 までの整数から，異なる 4 個の数字を選ぶ。

(1) すべての選び方は何通りあるか。

$$_{20}C_4 = \frac{20 \cdot 19 \cdot 18 \cdot 17}{4 \cdot 3 \cdot 2 \cdot 1}$$

$$= 4845 \, (\text{通り}) \; \text{答}$$

$$\frac{\overset{5}{\cancel{20}} \cdot 19 \cdot \overset{6}{\cancel{18}} \cdot 17}{\underset{1}{\cancel{4}} \cdot \underset{1}{\cancel{3}} \cdot \underset{1}{\cancel{2}} \cdot 1} = 5 \cdot 19 \cdot 3 \cdot 17 = 4845$$

のように，約分してから計算しよう。

(2) 偶数だけを選ぶ選び方は何通りあるか。

偶数 10 個の中から 4 個の数を選べばよいので，

$$_{10}C_4 = \frac{10 \cdot 9 \cdot 8 \cdot 7}{4 \cdot 3 \cdot 2 \cdot 1}$$

$$= 210 \, (\text{通り}) \; \text{答}$$

1 から 20 までの偶数は
2, 4, 6, 8, 10, 12, 14, 16, 18, 20
の 10 個あり，この中から 4 つを選ぶ。

(3) 3 の倍数だけを選ぶ選び方は何通りあるか。

3 の倍数 6 個の中から 4 個の数を選べばよいので，

$$_6C_4 = \frac{6 \cdot 5 \cdot 4 \cdot 3}{4 \cdot 3 \cdot 2 \cdot 1}$$

$$= 15 \, (\text{通り}) \; \text{答}$$

1 から 20 までの 3 の倍数は
3, 6, 9, 12, 15, 18
の 6 個あり，この中から 4 つを選ぶ。

CHALLENGE $_nC_r$ を求めよ。また，$_nC_r$ を階乗を使って表せ。

$$_nC_r = \frac{\boxed{^{\mathcal{P}} _n}\mathrm{P}\boxed{^{\mathcal{A}} _r}}{\boxed{^{\mathcal{P}} r}\,!} = \frac{\overbrace{\boxed{^{\mathcal{I}} n(n-1)(n-2)\cdots\cdots(n-r+1)}}^{r \text{個}}}{\underbrace{\boxed{^{\mathcal{A}} r(r-1)(r-2)\cdots\cdots 3 \cdot 2 \cdot 1}}_{r \text{個}}} \; \text{答}$$

であり，$_n\mathrm{P}_r = \dfrac{n!}{(n-r)!}$ であるから，

$$_nC_r = \frac{_n\mathrm{P}_r}{r!} = \frac{1}{r!} \times {_n\mathrm{P}_r} = \frac{1}{r!} \times \frac{n!}{(n-r)!} = \frac{\boxed{^{\mathcal{D}} n}\,!}{\boxed{^{\mathcal{+}} r}\,!\,\boxed{^{\mathcal{D}} (n-r)}\,!} \; \text{答}$$

1 1枚の硬貨を10回投げるとき, 表が8回出る出方は何通りあるか。

10回中どこで表が出るかを選べばよいので,

$$_{10}C_8 = _{10}C_2$$
$$= \frac{10 \cdot 9}{2 \cdot 1}$$
$$= 45（通り）\text{答}$$

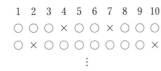

2 円周上に異なる12個の点がある。

(1) 3点を選び, それらを頂点とする三角形を作る
とき, 三角形は全部で何個作れるか。

三角形の個数は, 異なる12点から, 3点を選ぶ
選び方だけあるので,

$$_{12}C_3 = \frac{12 \cdot 11 \cdot 10}{3 \cdot 2 \cdot 1}$$
$$= 220（個）\text{答}$$

(2) 4点を選び, それらを頂点とする四角形を作る
とき, 四角形は全部で何個作れるか。

四角形の個数は, 異なる12点から, 4点を選ぶ
選び方だけあるので,

$$_{12}C_4 = \frac{12 \cdot 11 \cdot 10 \cdot 9}{4 \cdot 3 \cdot 2 \cdot 1}$$
$$= 495（個）\text{答}$$

CHALLENGE　正八角形について, 対角線の本数を求めよ。

8つの頂点のうち, 2点を結んでできる線分は,

$$_8C_2 = \frac{8 \cdot 7}{2 \cdot 1} = 28（本）$$

このうち, 隣り合う2点を結んだ8本（正八角形の辺）は対角線
ではないので, 対角線の本数は,

$$28 - 8 = 20（本）\text{答}$$

正八角形の辺8本は対
角線ではないので, 28
本から除く。

▶参考

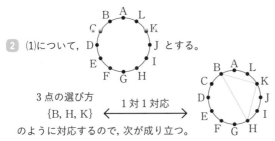

2 (1)について, 図のように $D \cdots J$ とする。

3点の選び方
$\{B, H, K\}$ ←── 1対1対応 ──→
のように対応するので, 次が成り立つ。

「12点から3点を選ぶ選び方」＝「三角形の個数」

演習 の問題 ➡本冊 P.39

1 先生 4 人, 生徒 8 人の中から, 先生 2 人, 生徒 3 人を選ぶ選び方は何通りあるか。

先生 2 人の選び方 $_4C_2$ 通りのそれぞれに対して, 生徒 3 人の選び方が $_8C_3$ 通りずつあるので,

$$_4C_2 \times _8C_3 = \frac{4\cdot3}{2\cdot1}\cdot\frac{8\cdot7\cdot6}{3\cdot2\cdot1}$$
$$= 6\cdot56$$
$$= 336(通り) 答$$

> 先生…A, B, C, D
> 生徒…ア, イ, ウ, エ, オ, カ, キ, ク
> とする。
>
> | 先生 | | 生徒 |
> |---|---|---|
> | $_4C_2$ | × | $_8C_3$ |
> | {A, B} | | {ア, イ, ウ} |
> | {A, C} | | {ア, イ, エ} |
> | ⋮ | | ⋮ |
> | {C, D} | | {カ, キ, ク} |

CHALLENGE 右の図のように 8 本の平行線と 6 本の平行線が長さ 1 の間隔で垂直に交わっているとき, 次の問いに答えよ。

(1) これらの平行線で囲まれる長方形は何個あるか。

縦の 8 本から 2 本, 横の 6 本から 2 本選ぶ選び方の数だけ長方形が作れるので,

$$_8C_2 \times _6C_2 = \frac{8\cdot7}{2\cdot1}\cdot\frac{6\cdot5}{2\cdot1}$$
$$= 28\cdot15$$
$$= 420(個) 答$$

> | 縦線 | | 横線 |
> |---|---|---|
> | $_8C_2$ | × | $_6C_2$ |
> | {①, ②} | | {a, b} |
> | {①, ③} | | {a, c} |
> | ⋮ | | ⋮ |
> | {⑦, ⑧} | | {e, f} |

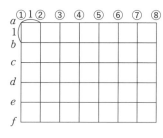

(2) これらの平行線で囲まれる四角形のうち, 面積が 4 となるものは何個あるか。

(ア) 横の長さ 4, 縦の長さ 1 のとき
右の図の①〜⑧の中から間隔が 4 の直線 2 本を選ぶ選び方は {①, ⑤}, {②, ⑥}, {③, ⑦}, {④, ⑧} の 4 通り (図は③と⑦の場合), a〜f の中から間隔が 1 の直線 2 本を選ぶ選び方は {a, b}, {b, c}, {c, d}, {d, e}, {e, f} の 5 通り (図は b と c の場合) あるから, 全部で,
$$4\times5 = 20(個)$$

(イ) 横の長さ 2, 縦の長さ 2 のとき
右の図の①〜⑧の中から間隔が 2 の直線 2 本を選ぶ選び方は {①, ③}, {②, ④}, {③, ⑤}, {④, ⑥}, {⑤, ⑦}, {⑥, ⑧} の 6 通り, a〜f の中から間隔が 2 の直線 2 本を選ぶ選び方は {a, c}, {b, d}, {c, e}, {d, f} の 4 通りあるから, 全部で,
$$6\times4 = 24(個)$$

(ウ) 横の長さ 1, 縦の長さ 4 のとき
右上の図の①〜⑧の中から間隔が 1 の直線 2 本を選ぶ選び方は {①, ②}, {②, ③}, {③, ④}, {④, ⑤}, {⑤, ⑥}, {⑥, ⑦}, {⑦, ⑧} の 7 通り, a〜f の中から間隔が 4 の直線 2 本を選ぶ選び方は {a, e}, {b, f} の 2 通りあるから, 全部で,
$$7\times2 = 14(個)$$

(ア)〜(ウ) より,
$$20+24+14 = 58(個) 答$$

Chapter 1
12講 | 同じものを含む順列

演習の問題 ➡本冊P.41

1 (1) 1, 2, 2, 3, 3, 3 の 6 個の数字を 1 列に並べてできる 6 桁の整数は何個あるか。

6 個の数字のうち, 2 が 2 個, 3 が 3 個あるので,

$$\frac{6!}{2!3!}=\frac{6\cdot5\cdot4\cdot3\cdot2\cdot1}{2\cdot1\cdot3\cdot2\cdot1}$$

$$=60（個）\text{答}$$

(2) KOKOKARA の 8 文字を 1 列に並べてできる文字列は何個あるか。

8 文字のうち, K が 3 個, O が 2 個, A が 2 個あるので,

$$\frac{8!}{3!2!2!}=\frac{8\cdot7\cdot6\cdot5\cdot4\cdot3\cdot2\cdot1}{3\cdot2\cdot1\cdot2\cdot1\cdot2\cdot1}$$

$$=1680（個）\text{答}$$

2 A, B, C, D, E, F, G の 7 文字を 1 列に並べる。A, B, C が左からこの順であり, かつ F, G も左からこの順であるような並べ方は何通りか。

答 A, B, C をすべて□, F, G を○とすると,
□ ⬚3⬚ 個, ○ ⬚2⬚ 個, D, E の並べ方は,

$$\frac{7!}{^{\text{ア}}3!\ ^{\text{イ}}2!}=\frac{7\cdot6\cdot5\cdot4\cdot3\cdot2\cdot1}{3\cdot2\cdot1\cdot2\cdot1}$$

$$=^{\text{ウ}}420\ （通り）$$

□に左から A, B, C, ○に左から F, G を当てはめる方法は ⬚ᵉ1⬚ 通りより, 求める場合の数は,

$$^{\text{ウ}}420\ ×^{\text{エ}}1=^{\text{オ}}420\ （通り）$$

例 □□○E○□D → Ⓐ Ⓑ Ⓕ E Ⓖ Ⓒ D
　 D○□E□□○ → D Ⓕ Ⓐ E Ⓑ Ⓖ Ⓒ

CHALLENGE 1, 1, 2, 2, 3 の 5 個の数字があるとき, この 5 個の数字のうちの 4 個を 1 列に並べてできる 4 桁の整数は何個あるか。

(i) 1 を 2 個含む場合
　「1, 1, 2, 2」からなる 4 桁の整数は,

$$\frac{4!}{2!2!}=6（個）$$

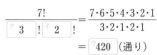

　また,「1, 1, 2, 3」からなる 4 桁の整数は,

$$\frac{4!}{2!}=12（個）$$

(ii) 1 を 1 個だけ含む場合
　「1, 2, 2, 3」で 4 桁の整数を作るので,

$$\frac{4!}{2!}=12（個）$$

(i)と(ii)は同時に起こらないので, 求める 4 桁の整数は,

$$6+12+12=30（個）\text{答}$$

「1, 1, 2, 2」で 4 桁の整数が何個できるか。
　　　　千 百 十 一
1, 1, 2, 2　→　1　1　2　2
1, 2, 1, 2　→　1　2　1　2
　　　　⋮
1, 1, 2, 2 の並べ方だけ 4 桁の整数ができる。

1 右のような街路がある。次のような最短経路は何通りあるか。

(1) AからBへ行く。

AからBへ行く最短経路は，→を6個，↓を5個並べる並べ方の総数と
同数より，

$$\frac{11!}{6!5!} = \frac{11\cdot10\cdot9\cdot8\cdot7\cdot6\cdot5\cdot4\cdot3\cdot2\cdot1}{6\cdot5\cdot4\cdot3\cdot2\cdot1\cdot5\cdot4\cdot3\cdot2\cdot1}$$

$$= 462（通り）\text{答}$$

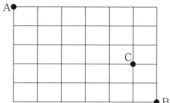

(2) AからCを通ってBへ行く。

AからCへ行く最短経路は，→を5個，↓を3個並べる並べ方の総数と同数より，

$$\frac{8!}{5!3!} = \frac{8\cdot7\cdot6\cdot5\cdot4\cdot3\cdot2\cdot1}{5\cdot4\cdot3\cdot2\cdot1\cdot3\cdot2\cdot1}$$

$$= 56（通り）$$

CからBへ行く最短経路は→を1個，↓を2個並べる並べ方の総数と同数より，

$$\frac{3!}{2!} = \frac{3\cdot2\cdot1}{2\cdot1}$$

$$= 3（通り）$$

よって，求める最短経路は，

$$56\times3 = 168（通り）\text{答}$$

CHALLENGE 右のような街路がある。AからPQ間を通らずにBへ行く
最短経路は何通りあるか。

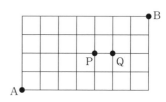

AからBへの最短経路は，

$$\frac{11!}{7!4!} = \frac{11\cdot10\cdot9\cdot8\cdot7\cdot6\cdot5\cdot4\cdot3\cdot2\cdot1}{7\cdot6\cdot5\cdot4\cdot3\cdot2\cdot1\cdot4\cdot3\cdot2\cdot1}$$

$$= 330（通り）$$

PQ間を通るAからBへの最短経路は，

$$\underbrace{\frac{6!}{4!2!}}_{\text{AからP}} \times \underbrace{1}_{\text{PからQ}} \times \underbrace{\frac{4!}{2!2!}}_{\text{QからB}} = 15\times6$$

$$= 90（通り）$$

よって，AからPQ間を通らずにBへ行く最短経路は，

$$330-90 = 240（通り）\text{答}$$

1 1個のサイコロを投げるとき，次の確率を求めよ。

(1) 4以下の目が出る確率

1個のサイコロを投げるとき，目の出方は 1, 2, 3, 4, 5, 6 の 6 通り。
4以下の目は 1, 2, 3, 4 の 4 通りだから，4以下の目が出る確率は，

$$\frac{4}{6}=\frac{2}{3}$$ 答

(2) 6の約数の目が出る確率

6の約数の目は 1, 2, 3, 6 の 4 通りだから，6の約数の目が出る確率は，

$$\frac{4}{6}=\frac{2}{3}$$ 答

2 次の事柄 $A \sim C$ のうち，もっとも起こりやすい（確率が大きい）ものはどれか。

A：1枚のコインを投げるとき，表が出る。
B：サイコロを投げるとき，5以上の目が出る。
C：1から7の数字が書かれた玉が入っている袋から1つ取り出すとき，奇数である。

(i) 事柄 A について
  1枚のコインを投げるとき，起こりうるすべての場合は表か裏の 2 通り。
  このうち表が出るのは 1 通りだから，A が起こる確率 $P(A)$ は

$$P(A)=\frac{1}{2}$$

(ii) 事柄 B について
  サイコロを投げるとき，目の出方は 6 通り。
  5以上の目は 5, 6 の 2 通りだから，B が起こる確率 $P(B)$ は

$$P(B)=\frac{2}{6}=\frac{1}{3}$$

(iii) 事柄 C について
  玉の取り出し方は 1 から 7 の玉の 7 通り。
  奇数の玉は 1, 3, 5, 7 の 4 通りだから，C が起こる確率 $P(C)$ は

$$P(C)=\frac{4}{7}$$

$\frac{1}{3}<\frac{1}{2}<\frac{4}{7}$ より，$P(B)<P(A)<P(C)$ だから，もっとも起こりやすい事柄は，

C 答

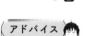
アドバイス

$P(A)$ の P は，確率を意味する英語 probability の頭文字です。

(演)(習)の問題 ➡本冊 P.47

1 1個のサイコロを投げるという試行について次の事象を考える。

　　A：奇数の目が出る　　　B：2の目が出る　　　C：3の目が出ない

(1) 全事象および事象A〜Cを集合で表せ。

　　　全事象＝{1, 2, 3, 4, 5, 6}, A＝{1, 3, 5}, B＝{2}, C＝{1, 2, 4, 5, 6} 答

(2) 事象A〜Cのうち根元事象はどれか。

　　(1)より, 事象B 答

- -

▶参考

事象Bのように, 1個の要素だけからなる事象を根元事象という。

- -

2 3枚の硬貨A, B, Cを投げて, 表, 裏を調べる試行について, 例えば投げた結果, Aが表, Bが裏, Cが裏であることを(表, 裏, 裏)で表すことにする。

(1) この試行の全事象を集合で表せ。

　　　{(表, 表, 表), (表, 表, 裏), (表, 裏, 表), (表, 裏, 裏),
　　　　(裏, 表, 表), (裏, 表, 裏), (裏, 裏, 表), (裏, 裏, 裏)} 答

(2) 少なくとも2枚は裏が出る事象を集合で表せ。

　　　{(表, 裏, 裏), (裏, 表, 裏), (裏, 裏, 表), (裏, 裏, 裏)} 答

CHALLENGE　　2つのサイコロA, Bを投げて, 出た目の数を調べる試行について, 出た目がそれぞれa, bであることを(a, b)で表すとする。

(1) 根元事象の数を求めよ。

　　目の出方の総数と等しいので,
　　aが6通り, bが6通りで
　　　　$6×6＝36$ 答

サイコロA・Bの目の和

a＼b	1	2	3	4	5	6
1	2	3	4	5	6	7
2	3	4	5	6	7	8
3	4	5	6	7	8	9
4	5	6	7	8	9	10
5	6	7	8	9	10	11
6	7	8	9	10	11	12

(2) 出た目の和が4以下になる事象を集合で表せ。

　　出た目の和が
　　　　2となるのは, (1, 1)
　　　　3となるのは, (1, 2), (2, 1)
　　　　4となるのは, (1, 3), (2, 2), (3, 1)
　　以上より, 出た目の和が4以下になる事象は
　　　　{(1, 1), (1, 2), (2, 1), (1, 3), (2, 2), (3, 1)} 答

- -

▶参考

右上のような表を考えて求めてもよいです！

- -

同様に確からしい

演習の問題 →本冊 P.49

1 3枚の硬貨を同時に投げるとき, 2枚は表, 1枚は裏が出る確率を求めよ。

3枚の硬貨を区別して硬貨A, B, Cとする。

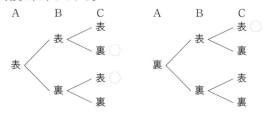

上の樹形図からコインの表裏の出方は全部で8通りあり, これらは同様に確からしい。
このうち, 2枚は表, 1枚は裏が出るのは3通りであるから, 求める確率は

$$\frac{3}{8}$$ 答

2 2つのサイコロを同時に投げるとき, 出た目の和が3の倍数になる確率を求めよ。

2つのサイコロを区別してサイコロA, Bとし, 出た目をそれぞれa, bとする。

目の出方は全部で

$$6 \times 6 = 36（通り）$$

であり, これらは同様に確からしい。

出た目の和が3の倍数となるのは, 右の表の ◯ がついている部分より, 12通り

したがって, 求める確率は,

$$\frac{12}{36} = \frac{1}{3}$$ 答

サイコロA・Bの目の和

a＼b	1	2	3	4	5	6
1	2	③	4	5	⑥	7
2	③	4	5	⑥	7	8
3	4	5	⑥	7	8	⑨
4	5	⑥	7	8	⑨	10
5	⑥	7	8	⑨	10	11
6	7	8	⑨	10	11	⑫

CHALLENGE 白玉2個, 赤玉3個が入った袋から, 2個の玉を同時に取り出すとき, 少なくとも1個は白玉を取り出す確率を求めよ。

白玉2個と赤玉3個を区別して, 白$_1$, 白$_2$, 赤$_1$, 赤$_2$, 赤$_3$とする。
2個の玉の取り出し方を樹形図で書くと,

上の樹形図より, 玉の取り出し方は全部で10通りであり, これらは同様に確からしい。
このうち少なくとも1個は白玉を取り出すのは◯がついている7通りだから, 求める確率は,

$$\frac{7}{10}$$ 答

▶参考
白玉を1個も取り出さないのは3通りであるから, 少なくとも1個は白玉を取り出すのは,

$$10 - 3 = 7（通り）$$

と考えてもよいです。玉の個数が多くなったり, 取り出す玉の個数が多くなったりしたときに有効です。

1 男子 4 人, 女子 3 人の合計 7 人が無作為に 1 列に並ぶとき, 次の確率を求めよ。

(1) 女子 3 人が隣り合う確率。

男子 4 人, 女子 3 人の合計 7 人を 1 列に並べるときの並び方は

7!通り

女子 3 人が隣り合う並び方は, まず女子 3 人を 1 人として考えた 5 人の並び方の 5!通りであり, 5!通りそれぞれについて女子 3 人の並び方の 3!通りずつあるから, 女子 3 人が隣り合う並び方は

5!×3!(通り) ●───

よって, 求める確率は,

$$\frac{5! \times 3!}{7!} = \frac{5! \times 3 \cdot 2}{7 \cdot 6 \cdot 5!} = \frac{1}{7}$$ 答

> 男子…A, B, C, D
> 女子…ア, イ, ウ
> とする。
> $\underset{\substack{\text{A, B, C,} \\ \text{D, 女子 の}}}{5!} \times \underset{\substack{\text{ア, イ, ウ} \\ \text{の並び方}}}{3!}$
> 並び方

(2) 男子が両端にくる確率。

男子が両端にくる並び方は

$_4P_2 \times 5!$(通り) ●───

よって, 求める確率は,

$$\frac{_4P_2 \times 5!}{7!} = \frac{4 \cdot 3 \times 5!}{7 \cdot 6 \cdot 5!} = \frac{2}{7}$$ 答

> $\underset{\substack{\text{両端の男子} \\ \text{の並び方}}}{_4P_2} \times \underset{\substack{\text{残りの男子 2 人と} \\ \text{女子 3 人の並び方}}}{5!}$

2 白玉 3 個, 赤玉 2 個, 青玉 1 個が入った袋から同時に 3 個の玉を取り出すとき, 次の確率を求めよ。

(1) 白玉 1 個, 赤玉 2 個である確率。

すべての玉を区別して考えると, 玉の取り出し方は

$$_6C_3 = \frac{6 \cdot 5 \cdot 4}{3 \cdot 2 \cdot 1} = 20(通り)$$

白玉 1 個, 赤玉 2 個の取り出し方は

$_3C_1 \times _2C_2 = 3 \cdot 1 = 3$(通り)

よって, 求める確率は,

$$\frac{_3C_1 \times _2C_2}{_6C_3} = \frac{3}{20}$$ 答

(2) 白玉 1 個, 赤玉 1 個, 青玉 1 個である確率。

白玉 1 個, 赤玉 1 個, 青玉 1 個の取り出し方は

$_3C_1 \times _2C_1 \times _1C_1 = 3 \cdot 2 \cdot 1 = 6$(通り)

よって, 求める確率は,

$$\frac{_3C_1 \times _2C_1 \times _1C_1}{_6C_3} = \frac{6}{20} = \frac{3}{10}$$ 答

CHALLENGE $\boxed{0}, \boxed{1}, \boxed{2}, \boxed{3}, \boxed{4}$ の 5 枚のカードから 3 枚のカードを無作為にとって 1 列に並べ, 整数を作る。ただし, $\boxed{0}\boxed{1}\boxed{2}$ などは 12 を表すものとする。このとき, できた整数が 200 以上となる確率を求めよ。

1 列に並べてできる整数は

$_5P_3 = 5 \cdot 4 \cdot 3$(通り)

200 以上となるのは百の位が 2, 3, 4 のときであるから,

$3 \cdot _4P_2 = 3 \cdot 4 \cdot 3$(通り)

よって, 求める確率は,

$$\frac{3 \cdot _4P_2}{_5P_3} = \frac{3 \cdot 4 \cdot 3}{5 \cdot 4 \cdot 3} = \frac{3}{5}$$ 答

百の位	十の位	一の位

> 百の位が 2 以上であれば, 残りの数が十の位と一の位にくるので, 200 以上になる。

> 2, 3, 4 の
> 3 通り

> 百の位で使ったカード以外の 4 枚から 2 枚を並べる $_4P_2$ 通り

1 次の事象 A, B について A と B が排反であるのは①, ②, ③ のうちどれか。

① 1個のサイコロを投げる試行において, A：偶数の目が出る, B：3の倍数の目が出る, としたとき。

② トランプを1枚引く試行において, A：ハートが出る, B：ダイヤが出る, としたとき。

③ コインを2枚投げる試行において, A：2枚とも表が出る, B：少なくとも1枚が表, としたとき。

① $A=\{2, 4, 6\}$, $B=\{3, 6\}$ より $A\cap B=\{6\}$ であり, $A\cap B\neq\varnothing$ だから, 排反でない。 ①

② $A\cap B=\varnothing$ であるから排反である。

③ A：2枚とも表が出ることは, B：少なくとも1枚が表である

に含まれているから, $A\cap B\neq\varnothing$ より排反でない。

よって, A と B が排反であるのは, ② 答

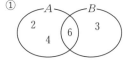
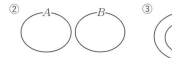

2 当たりくじ3本を含む6本のくじから同時に3本引くとき, 当たりを2本以上引く確率を求めよ。

すべてのくじを区別して考える。

異なる6本のくじから同時に3本のくじを引く引き方は

$_6C_3=20$（通り）

事象 A, B を

A：当たりを2本引く, B：当たりを3本引く

とすると, 事象 A, B それぞれの確率は,

$$P(A)=\frac{_3C_2\times_3C_1}{_6C_3}=\frac{9}{20}$$

当たり2本,
はずれ1本
を引く確率。

$$P(B)=\frac{_3C_3}{_6C_3}=\frac{1}{20}$$

求める確率は $P(A\cup B)$ であり, A, B は排反であるから,

$$P(A\cup B)=P(A)+P(B)=\frac{9}{20}+\frac{1}{20}=\frac{10}{20}=\frac{1}{2}$$ 答

CHALLENGE 白玉4個, 赤玉3個, 青玉2個が入った袋から同時に4個の玉を取り出すとき, 取り出される玉の色の種類が3種類となる確率を求めよ。

すべての玉を区別して考える。異なる9個から同時に4個の玉を取り出す取り出し方は

$_9C_4=126$（通り）

4個の玉を取り出すとき, (白玉の個数, 赤玉の個数, 青玉の個数)

と表すことにすると, 玉の色が3種類となるのは, $(2, 1, 1)$, $(1, 2, 1)$,

$(1, 1, 2)$ のいずれかである。

A：$(2, 1, 1)$ となる, B：$(1, 2, 1)$ となる, C：$(1, 1, 2)$ となる

とすると, 事象 A, B, C のそれぞれの確率は,

$$P(A)=\frac{_4C_2\times_3C_1\times_2C_1}{_9C_4}=\frac{36}{126}$$

$_4C_2$：白玉2個の取り出し方
$_3C_1$：赤玉1個の取り出し方
$_2C_1$：青玉1個の取り出し方

$$P(B)=\frac{_4C_1\times_3C_2\times_2C_1}{_9C_4}=\frac{24}{126}$$

$$P(C)=\frac{_4C_1\times_3C_1\times_2C_2}{_9C_4}=\frac{12}{126}$$

求める確率は $P(A\cup B\cup C)$ であり, A, B, C は排反であるから,

$$P(A\cup B\cup C)=P(A)+P(B)+P(C)=\frac{36}{126}+\frac{24}{126}+\frac{12}{126}=\frac{72}{126}=\frac{4}{7}$$ 答

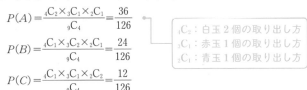

1 赤玉5個, 白玉2個が入った袋から同時に3個の玉を取り出すとき, 少なくとも1個は白玉を取り出す確率を求めよ。

すべての玉を区別して考える。

7個の玉から同時に3個の玉を取り出す取り出し方は, $_7C_3$ 通り

「少なくとも1個は白玉を取り出す」事象の

　　　余事象は「赤玉を3個取り出す」

であり, 赤玉を3個取り出す確率は,

$$\frac{_5C_3}{_7C_3}=\frac{10}{35}=\frac{2}{7}$$

よって, 求める確率は,

$$1-\frac{2}{7}=\frac{5}{7} \text{ 答}$$

> (ア) 白玉を2個取り出す
> (イ) 白玉を1個取り出す　今回求める確率
> (ウ) 白玉を取り出さない　← 1からこの
> 　　　(赤玉を3個取り出す)　　確率をひく

2 3枚の硬貨を投げるとき, 少なくとも1枚は表が出る確率を求めよ。

3枚の硬貨を区別してA, B, Cとする。

3枚の硬貨の表裏の出方は全部で 2^3 通り

「少なくとも1枚は表が出る」事象の余事象は「すべて裏が出る」

であり, すべて裏となる確率は,

$$\frac{1}{2^3}=\frac{1}{8}$$

よって, 求める確率は,

$$1-\frac{1}{8}=\frac{7}{8} \text{ 答}$$

> 分子はA, B, Cが
> すべて裏の1通り。

> (ア) 3枚とも表
> (イ) 2枚が表　今回求める
> (ウ) 1枚が表　確率
> (エ) 3枚とも裏　← 1からこの
> 　　　　　　　　　確率をひく

CHALLENGE サイコロを2回投げたとき, 出た目の積が3以上になる確率を求めよ。

サイコロを投げて1回目に出た目を a, 2回目に出た目を b とする。

目の出方は a が6通り, b が6通りあるから, サイコロを2回投げたときの目の出方は全部で

　　　$6×6=36$(通り)

「出た目の積が3以上である」事象の余事象は「出た目の積が2以下」

である。

　出た目の積が1となるのは,

　　　$(a, b)=(1, 1)$

の1通り。

　出た目の積が2となるのは,

　　　$(a, b)=(1, 2), (2, 1)$

の2通り。

よって, 出た目の積が2以下である確率は,

$$\frac{1+2}{36}=\frac{3}{36}=\frac{1}{12}$$

したがって, 求める確率は,

$$1-\frac{1}{12}=\frac{11}{12} \text{ 答}$$

> ・出た目の積が1　← 1からこの
> ・出た目の積が2　　確率をひく
> ・出た目の積が3
> 　　　⋮　　　　今回求める
> ・出た目の積が36　確率

1 1枚のコインと1個のサイコロを投げるとき, コインは表が出てサイコロは奇数の目が出る確率を求めよ。

1枚のコインを投げて表が出る確率は, $\dfrac{1}{2}$

1個のサイコロを投げて奇数の目が出る確率は, $\dfrac{3}{6}=\dfrac{1}{2}$

コインを投げる試行とサイコロを投げる試行は独立だから, 求める確率は,

$$\dfrac{1}{2}\times\dfrac{1}{2}=\dfrac{1}{4} \ \text{答}$$

影響なし！

2 当たりくじ4本を含む10本のくじがあり, A, Bの2人がこの順でくじを1本ずつ引く。ただし, 引いたくじはもとに戻すものとする。このとき, AもBも当たる確率を求めよ。

Aが当たりを引く確率は, $\dfrac{{}_4C_1}{{}_{10}C_1}=\dfrac{4}{10}=\dfrac{2}{5}$

Bが当たりを引く確率は, $\dfrac{{}_4C_1}{{}_{10}C_1}=\dfrac{4}{10}=\dfrac{2}{5}$

引いたくじはもとに戻すので, Aがくじを引く試行と,
Bがくじを引く試行は独立だから, 求める確率は,

$$\dfrac{2}{5}\times\dfrac{2}{5}=\dfrac{4}{25} \ \text{答}$$

CHALLENGE　Aの袋に赤玉4個, 白玉6個が, Bの袋に赤玉5個, 白玉3個が入っている。A, Bの袋から玉を1個ずつ取り出すとき, 取り出した2個の玉が同じ色である確率を求めよ。

(i) 2個とも赤玉を取り出すとき

Aの袋から赤玉を取り出す確率は, $\dfrac{{}_4C_1}{{}_{10}C_1}=\dfrac{4}{10}=\dfrac{2}{5}$

Bの袋から赤玉を取り出す確率は, $\dfrac{{}_5C_1}{{}_8C_1}=\dfrac{5}{8}$

Aの袋から玉を取り出す試行と, Bの袋から玉を取り出す試行は独立だから,
2個とも赤玉を取り出す確率は,

$$\dfrac{2}{5}\times\dfrac{5}{8}=\dfrac{1}{4}$$

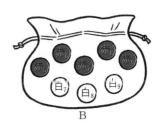

A

B

(ii) 2個とも白玉を取り出すとき

(i)と同様に考えて,

$$\dfrac{{}_6C_1}{{}_{10}C_1}\times\dfrac{{}_3C_1}{{}_8C_1}=\dfrac{6}{10}\times\dfrac{3}{8}=\dfrac{9}{40}$$

2個とも赤玉を取り出す事象と2個とも白玉を取り出す事象は排反
だから, (i), (ii)より, 求める確率は,

$$\dfrac{1}{4}+\dfrac{9}{40}=\dfrac{19}{40} \ \text{答}$$

1 赤玉 4 個, 白玉 2 個が入った袋から玉を 1 個取り出してもとに戻す操作を 4 回行う。このとき, 赤玉が 3 回出る確率を求めよ。

1 回の操作で赤玉を取り出す確率は, $\dfrac{4}{6}=\dfrac{2}{3}$

白玉を取り出す確率は, $\dfrac{2}{6}=\dfrac{1}{3}$

よって, 求める確率は,

$$\dfrac{4!}{3!}\times\left(\dfrac{2}{3}\right)^3\left(\dfrac{1}{3}\right)=\dfrac{32}{81}\ \text{答}$$

◎, ◎, ◎, ×の並べ方。　　　　サンプルの確率。

2 コインを 5 回投げるとき, 表が 2 回, 裏が 3 回出る確率を求めよ。

コインを 1 回投げて

表が出る確率は $\dfrac{1}{2}$,

裏が出る確率は $\dfrac{1}{2}$

よって, 求める確率は,

$$\dfrac{5!}{2!3!}\times\left(\dfrac{1}{2}\right)^2\left(\dfrac{1}{2}\right)^3=\dfrac{5}{16}\ \text{答}$$

◎, ◎, ×, ×, ×の並べ方。　　　　サンプルの確率。

CHALLENGE　　赤玉 3 個, 白玉 2 個, 青玉 1 個が入った袋から玉を 1 個取り出してもとに戻す操作を 5 回行う。このとき, 赤玉が 2 回, 白玉が 2 回, 青玉が 1 回出る確率を求めよ。

袋から玉を 1 個取り出すとき,

赤玉を取り出す確率は $\dfrac{3}{6}=\dfrac{1}{2}$,

白玉を取り出す確率は $\dfrac{2}{6}=\dfrac{1}{3}$,

青玉を取り出す確率は $\dfrac{1}{6}$

よって, 求める確率は,

$$\dfrac{5!}{2!2!}\times\left(\dfrac{1}{2}\right)^2\left(\dfrac{1}{3}\right)^2\left(\dfrac{1}{6}\right)=\dfrac{5}{36}\ \text{答}$$

◎, ◎, ×, ×, △の並べ方。　　　　サンプルの確率。

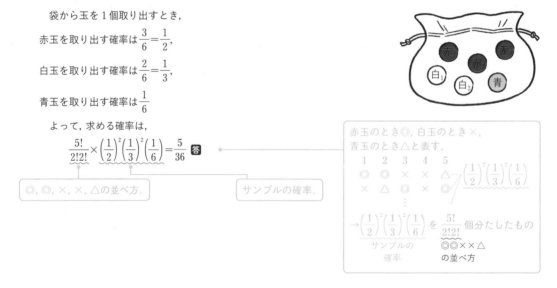

1 2個のサイコロを同時に投げるとき, 事象A, Bをそれぞれ

　　A：2つの目の数がともに 3 以下

　　B：2つの目の積が 4 以下

とする。このとき, Aが起こったときにBが起こる条件付き確率$P_A(B)$を求めよ。

　　2個のサイコロをX, Yと区別して考える。

　　2つの目の数がともに 3 以下となるのは, 右の表の色がぬって
ある部分より,

　　　　$n(A)=9$

　　$A \cap B$, すなわち「2つの目の数がともに 3 以下で, 2つの目の
積が 4 以下となる」のは, 色がぬってあって, かつ◯がついてい
る部分より,

　　　　$n(A \cap B)=6$

　　よって, 求める条件付き確率は

　　　　$P_A(B)=\dfrac{n(A \cap B)}{n(A)}=\dfrac{6}{9}=\dfrac{2}{3}$ 答

サイコロX, Yの目の積

X＼Y	1	2	3	4	5	6
1	①	②	③	④	5	6
2	②	④	6	8	10	12
3	③	6	9	12	15	18
4	④	8	12	16	20	24
5	5	10	15	20	25	30
6	6	12	18	24	30	36

2 ある学校での通学方法について調べたところ, 75％の生徒が自転車を利用しており, 45％の生徒が自転車と電車
を利用している。自転車を利用している生徒を無作為に 1 人選ぶとき, その人が電車を利用している確率を求めよ。

　　生徒を 1 人選んだとき, 通学で自転車を利用している生徒である事象をA, 通学で電車を利用している生徒で
ある事象をBとすると,

　　　　$P(A)=\dfrac{75}{100}$, $P(A \cap B)=\dfrac{45}{100}$

　　よって, 求める確率は

　　　　$P_A(B)=\dfrac{P(A \cap B)}{P(A)}=\dfrac{\frac{45}{100}}{\frac{75}{100}}=\dfrac{45}{75}=\dfrac{3}{5}$ 答

> 75％が自転車を利用しているので
> $P(A)=\dfrac{75}{100}$

CHALLENGE　　男子 60 人, 女子 40 人の生徒 100 人に勉強が好きか嫌いか聞いたところ, 好きと答えた生徒は 45 人で
そのうち男子は 30 人であった。また, 好きでも嫌いでもないという回答はないとする。次の表のア～エ
を埋めよ。また, この中から無作為に選ばれた 1 人が男子であるとき, 勉強が嫌いである確率を求めよ。

答　右の表を考える。

　　好きと答えた生徒 45 人のうち, 男子は 30 人であるから,
好きと答えた女子は

　　　　$45-30=$ ア 15 （人）

　　男子 60 人中, 好きと答えた男子は 30 人であるから,
嫌いと答えた男子は

　　　　$60-30=$ イ 30 （人）

　　女子 40 人中, 好きと答えた女子は 15 人であるから, 嫌いと答えた女子は

　　　　$40-15=$ ウ 25 （人）

　　嫌いと答えた人の合計は

　　　　$30+25=$ エ 55 （人）

　　よって, 求める確率は,

　　　　$\dfrac{30}{60}=\dfrac{1}{2}$

	男子	女子	合計
好き	30	ア 15	45
嫌い	イ 30	ウ 25	エ 55
合計	60	40	100

> 男子かつ勉強が嫌いな人の人数
> ―――――――――――
> 男子の人数

23講 確率の乗法定理

演習の問題 →本冊 P.63

1 当たりくじ 5 本を含む 15 本のくじが袋の中に入っている。この袋から X, Y の 2 人が順に 1 本ずつくじを引く。引いたくじはもとに戻さないとき, X も Y も当たりを引く確率を求めよ。

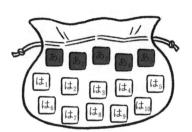

X が当たりを引く事象を A, Y が当たりを引く事象を B とすると,
事象 A が起こる確率は

$$P(A) = \frac{5}{15} = \frac{1}{3}$$

事象 A が起こった条件のもと B が起こる確率は, 当たりくじ 4 本を含む 14 本のくじから Y が当たりを引く確率だから,

$$P_A(B) = \frac{4}{14} = \frac{2}{7}$$

よって, 求める確率は $P(A \cap B)$ だから,

$$P(A \cap B) = P(A) \times P_A(B) = \frac{1}{3} \times \frac{2}{7} = \frac{2}{21} \ \text{答}$$

2 赤玉 5 個, 白玉 4 個が入った袋の中から, 玉を 1 個ずつもとに戻さず取り出すとき, 1 回目に白玉, 2 回目に赤玉が出る確率を求めよ。

1 回目に白玉を取り出す事象を A, 2 回目に赤玉を取り出す事象を B とすると,
事象 A が起こる確率は

$$P(A) = \frac{4}{9}$$

事象 A が起こった条件のもと B が起こる確率は,
赤玉 5 個, 白玉 3 個が入った袋の中から赤玉を取り出す確率だから,

$$P_A(B) = \frac{5}{8}$$

よって, 求める確率は $P(A \cap B)$ だから,

$$P(A \cap B) = P(A) \times P_A(B) = \frac{4}{9} \times \frac{5}{8} = \frac{5}{18} \ \text{答}$$

CHALLENGE 当たりくじを 3 本含む 10 本のくじがある。X, Y の 2 人がこの順で 1 本ずつくじを引くとき, Y が当たりを引く確率を求めよ。

X が当たり Y が当たる事象を A, X がはずれ Y が当たる事象を B とすると,

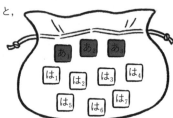

$$P(A) = \underset{\substack{X\,\text{が} \\ \text{当たる}}}{\frac{3}{10}} \times \underset{\substack{Y\,\text{が} \\ \text{当たる}}}{\frac{2}{9}} = \frac{1}{15}$$

1回目 2回目

$$P(B) = \underset{\substack{X\,\text{が} \\ \text{はずれる}}}{\frac{7}{10}} \times \underset{\substack{Y\,\text{が} \\ \text{当たる}}}{\frac{3}{9}} = \frac{7}{30}$$

Y が当たる事象は $A \cup B$ であり, A, B は排反であるから, 求める確率は,

$$P(A \cup B) = P(A) + P(B)$$
$$= \frac{1}{15} + \frac{7}{30} = \frac{9}{30} = \frac{3}{10} \ \text{答}$$

1 右の表のような合計1000本のくじがある。このくじを1本引くときの賞金の期待値を求めよ。

	賞金（円）	本数（本）
1等	10000	5
2等	5000	10
3等	1000	35
4等	100	50
ハズレ	0	900

それぞれの賞金と確率の関係は下の表のようになる。

賞金	10000	5000	1000	100	0	計
確率	$\dfrac{5}{1000}$	$\dfrac{10}{1000}$	$\dfrac{35}{1000}$	$\dfrac{50}{1000}$	$\dfrac{900}{1000}$	1

よって，求める期待値は，

$$10000\times\dfrac{5}{1000}+5000\times\dfrac{10}{1000}+1000\times\dfrac{35}{1000}+100\times\dfrac{50}{1000}+0\times\dfrac{900}{1000}$$

$$=50+50+35+5$$

$$=140（円）\ \text{答}$$

2 サイコロを1回投げて，3以下の目が出たら出た目の数と同じ点数が得られ，4以上の目が出たら出た目の数の2倍の点数が得られる。このとき，得られる点数の期待値を求めよ。

出る目と得られる点数とその確率の関係は右の表のようになる。
よって，求める期待値は，

$$1\times\dfrac{1}{6}+2\times\dfrac{1}{6}+3\times\dfrac{1}{6}+8\times\dfrac{1}{6}+10\times\dfrac{1}{6}+12\times\dfrac{1}{6}$$

$$=\dfrac{36}{6}=6（点）\ \text{答}$$

出る目	1	2	3	4	5	6
点数	1	2	3	8	10	12
確率	$\dfrac{1}{6}$	$\dfrac{1}{6}$	$\dfrac{1}{6}$	$\dfrac{1}{6}$	$\dfrac{1}{6}$	$\dfrac{1}{6}$

CHALLENGE 白玉4個と赤玉2個が入っている袋の中から，3個の玉を同時に取り出すとき，取り出される白玉の個数の期待値を求めよ。

白玉を1個取り出す確率は，$\dfrac{{}_4C_1\times{}_2C_2}{{}_6C_3}=\dfrac{1}{5}$

白玉を2個取り出す確率は，$\dfrac{{}_4C_2\times{}_2C_1}{{}_6C_3}=\dfrac{3}{5}$

白玉を3個取り出す確率は，$\dfrac{{}_4C_3}{{}_6C_3}=\dfrac{1}{5}$

取り出される白玉の個数と確率の関係は右の表のようになる。
よって，求める期待値は，

$$1\times\dfrac{1}{5}+2\times\dfrac{3}{5}+3\times\dfrac{1}{5}=\dfrac{10}{5}=2（個）\ \text{答}$$

白玉の個数	1	2	3	計
確率	$\dfrac{1}{5}$	$\dfrac{3}{5}$	$\dfrac{1}{5}$	1

▶参考

実は，「3個の玉を同時に取り出すとき，取り出される白玉の個数の期待値」は，「1個の玉を取り出すとき，取り出される白玉の個数の期待値」の3倍である。

よって，求める期待値は，

$$\left(0\times\dfrac{2}{6}+1\times\dfrac{4}{6}\right)\times3=2（個）$$

1個取り出すときの白玉の個数の期待値

白玉の個数	0	1	計
確率	$\dfrac{2}{6}$	$\dfrac{4}{6}$	1

1 次の図において, 角 x を求めよ。

(1)

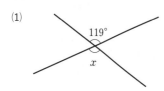

対頂角は等しいので,

$x = 119°$ 答

(2)

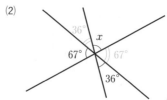

$36° + x + 67° = 180°$

より,

$x = 77°$ 答

2 次の図において, 直線 l と直線 m が平行のとき, 角 x を求めよ。

(1)

平行線の同位角は等しいので,

$x = 125°$ 答

(2)

平行線の錯角は等しいので,

$x = 76°$ 答

CHALLENGE 次の図において, 直線 l と直線 m が平行のとき, 角 x を求めよ。

(1)

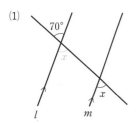

平行線の同位角は等しいことと,
対頂角が等しいことから,

$x = 70°$ 答

(2)

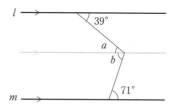

$\angle x$ の頂点を通り, l と m に平行な直線を引くと, 平行線の
錯角は等しいので,

$a = 39°$, $b = 71°$

よって,

$x = a + b = 39° + 71° = 110°$ 答

アドバイス

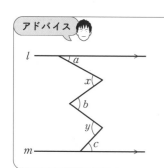

$l /\!/ m$ のとき,

$$x + y = a + b + c$$

が成り立つ。

（右の図のように補助線を引くと,
$x + y = (a + p) + (q + c)$
$x + y = a + b + c$ （$p + q = b$ より））

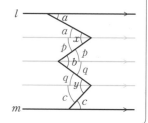

1 次の図において, 角 x を求めよ。ただし, (3)は AB＝AC である。

(1)
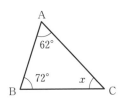

$x=180°-(62°+72°)$
$\quad =180°-134°$
$\quad =46°$ 答

(2)

$x=180°-(48°+90°)$
$\quad =180°-138°$
$\quad =42°$ 答

(3)

$\angle ABC=\angle ACB=41°$ より,
$\quad x=180°-(41°+41°)$
$\quad =180°-82°$
$\quad =98°$ 答

底角が等しい

2 次の図において, 角 x を求めよ。

(1)
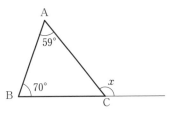

$x=59°+70°$
$\quad =129°$ 答

(2)
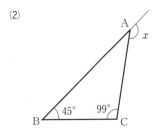

$x=45°+99°$
$\quad =144°$ 答

CHALLENGE　右の図において, 角 x を求めよ。

右図のように2つの三角形に分ける。
△ABE について, 外角はそれと隣り合わない
内角の和に等しいから,
$\quad \angle BED=34°+61°=95°$
△CED について, 外角はそれと隣り合わない
内角の和に等しいから,
$\quad x=95°+30°=125°$ 答

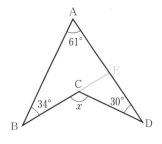

アドバイス

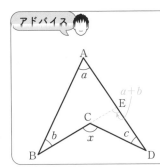

$x=a+b+c$
が成り立つ。
$\left(\begin{array}{l}\text{△ABE で内角と外角の関係より,}\\ \quad \angle BED=\angle EAB+\angle EBA=a+b\\ \text{△CED は内角と外角の関係より,}\\ \quad x=\angle BCD=\angle CED+\angle CDE=a+b+c\end{array}\right)$

1 次の各問いに答えよ。

(1) 八角形の内角の和を求めよ。

$$180° \times (8-2) = 180° \times 6 = 1080°$$ 答

▶ 参考

八角形は 6 個の三角形に分けることができるので, 八角形の内角の和は
$$180° \times 6 = 1080°$$

(2) 七角形の外角の和を求めよ。

どんな多角形でも外角の和は 360° より,

$$360°$$ 答

2 次の多角形について, 角 x を求めよ。

(1)

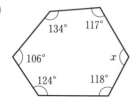

六角形の内角の和は
$$180° \times (6-2) = 720°$$
よって, 内角の和に着目すると
$$134° + 106° + 124° + 118° + x + 117° = 720°$$
$$x + 599° = 720°$$
$$x = 121°$$ 答

(2)

外角の和は 360° より,
$$x + 68° + 75° + 55° + 52° + 73° = 360°$$
$$x + 323° = 360°$$
$$x = 37°$$ 答

 CHALLENGE 右の多角形について, 角 x を求めよ。

外角に隣り合う内角を求めると,
$$\angle ABC = 180° - 72° = 108°$$
$$\angle EDC = 180° - 70° = 110°$$
$$\angle AED = 180° - x$$
五角形の内角の和は
$$180° \times (5-2) = 540°$$
内角の和に着目すると,
$$108° + 105° + 110° + (180° - x) + 100° = 540°$$
$$603° - x = 540°$$
$$x = 63°$$ 答

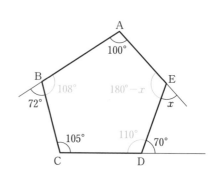

28講 | 三角形の合同

演習の問題 →本冊 P.73

1 右の図の2つの三角形は合同である。

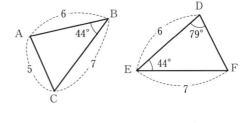

(1) 合同条件を答えよ。

2組の辺とその間の角がそれぞれ等しい 答
(AB＝DE, BC＝EF, ∠ABC＝∠DEF)

(2) 辺DFの長さを求めよ。

△ABC≡△DEFであり，対応する辺は等しいので，
DF＝AC＝5 答

(3) ∠ACBの大きさを求めよ。

対応する角は等しいので，
∠ACB＝∠DFE
　　　＝180°−(79°＋44°)＝57° 答

2 右の図の2つの三角形は合同である。

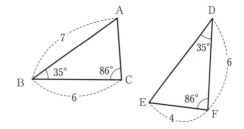

(1) 合同条件を答えよ。

1組の辺とその両端の角がそれぞれ等しい 答
(BC＝DF, ∠ABC＝∠EDF, ∠ACB＝∠EFD)

(2) 辺ACの長さを求めよ。

△ABC≡△EDFである。対応する辺は等しいので，
AC＝EF＝4 答

CHALLENGE 正三角形ABCの辺AB, BC, CA上にそれぞれ点D，
E，Fをとる。AD＝BE＝CFのとき，次の問いに答えよ。

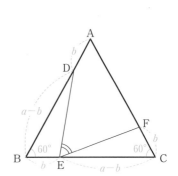

(1) 右の図において，△DBEと合同な三角形を答えよ。

正三角形の一辺の長さをa, AD＝BE＝CF＝bとおく。
△DBEと△ECFにおいて
BE＝CF＝b, DB＝EC＝$a-b$, ∠DBE＝∠ECF＝60°
2組の辺とその間の角がそれぞれ等しいので，
△DBE≡△ECF
よって，△DBEと合同な三角形は △ECF 答

(2) ∠DEFの大きさを求めよ。

∠BDE＝xとすると，
∠DEB＝180°−(x＋60°)＝120°−x
対応する角は等しいので，
∠CEF＝x
したがって，∠DEF＝180°−(∠DEB＋∠CEF)
　　　　　　＝180°−｛(120°−x)＋x｝
　　　　　　＝60° 答

1 右の2つの三角形は相似である。次の空欄をうめよ。

相似の関係を記号∽を使って表すと，△ABC∽△⌈ᵃ**DFE**⌉である。また，辺BCに対応する辺は辺⌈ⁱ**FE**⌉であり，∠DEFに対応する角は∠⌈ᵘ**ACB**⌉である。**答**

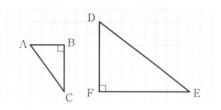

▶参考

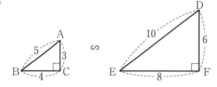

2 右の図において，△ABC∽△DEFである。

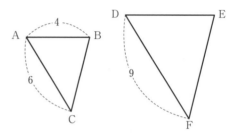

(1) △ABCと△DEFの相似比を求めよ。

AC : DF＝6 : 9＝2 : 3 より，
相似比は**2 : 3 答**

(2) 辺DEの長さを求めよ。

AB : DE＝2 : 3 より，
  4 : DE＝2 : 3
    2DE＝4×3
      DE＝6 **答**

CHALLENGE 右の図において，辺DEと辺BCは平行である。

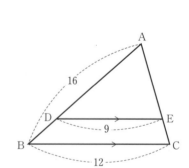

(1) △ADE∽△ABCであることの証明について，次の空欄をうめよ。

∠DAE＝∠⌈ᵃ**BAC**⌉（共通）

∠AED＝∠⌈ⁱ**ACB**⌉（平行線の同位角は等しい）

よって，⌈ᵘ**2組の角がそれぞれ**⌉等しいので，
    △ADE∽△ABC **答**

(2) 線分DBの長さを求めよ。

相似比はDE : BC＝9 : 12＝3 : 4
よって，
    AD : AB＝3 : 4
    AD : 16＝3 : 4
      4AD＝3×16
        AD＝12
したがって，
    DB＝16－12＝4 **答**

Chapter 3
30講　面積の比

演習の問題 →本冊 P.77

1 次の図において, △ABC : △ACDを, 最も簡単な整数の比で表せ。

(1)

(2)

△ABCと, △ACDは高さが等しいので, 面積の比は底辺の比である。

よって, △ABC : △ACD＝8 : 2＝4 : 1 答

2つの三角形の底辺をACとすると, 面積の比は高さの比となる。

よって, △ABC : △ACD＝5 : 3 答

2 相似比が5 : 4である2つの三角形の面積比を求めよ。

相似比が5 : 4なので, 面積比は
$5^2 : 4^2 = 25 : 16$ 答

CHALLENGE 右の三角形で, AD : DE＝5 : 2, BE : EC＝2 : 3であるとき, △ABCと△DECの面積比を求めよ。

△DECの面積を比を用いて ③×② ＝ ⑥ と表すとする。

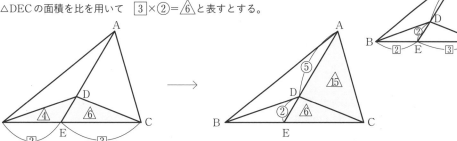

△DBEと△DECは高さが等しいので,
△DBE : △DEC＝2 : 3
であり, △DEC＝⑥であるから,
△DBE＝④

△DBE : △DEC
＝ 2 : 3
＝ ④ : ⑥

△ACDと△DECは高さが等しいので,
△ACD : △DEC＝5 : 2
であり, △DEC＝⑥であるから,
△ACD＝⑮

△ACD : △DEC
＝ 5 : 2
＝ ⑮ : ⑥

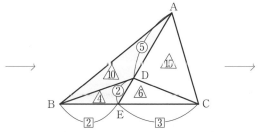
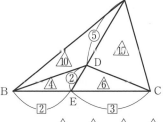

同様に, △ABD : △DBE＝5 : 2
であり, △DEB＝④であるから,
△ABD＝⑩

△ABD : △DBE
＝ 5 : 2
＝ ⑩ : ④

△ABC＝⑮＋⑥＋⑩＋④＝㉟
より,

△ABC : △DEC＝35 : 6 答

△ABC＝㉟
△DEC＝⑥

31

演習の問題 →本冊P.79

1 次の図で, PQ∥BC であるとき, x の値を求めよ。

(1)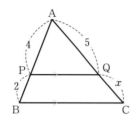

PQ∥BC より

$$AP : PB = AQ : QC$$
$$4 : 2 = 5 : x$$
$$4x = 10$$
$$x = \frac{5}{2} \ 答$$

(2)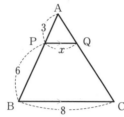

PQ∥BC より

$$AP : AB = PQ : BC$$
$$3 : (3+6) = x : 8$$
$$9x = 24$$
$$x = \frac{8}{3} \ 答$$

2 右の図で, 点Mは辺ABの中点, 点Nは辺ACの中点である。
このとき, x の値を求めよ。

中点連結定理より,

$$MN = \frac{1}{2}BC$$
$$x = \frac{1}{2} \cdot 8$$
$$x = 4 \ 答$$

CHALLENGE 右の図で, 線分 AB, CD, EF はすべて
平行である。このとき, x の値を求めよ。

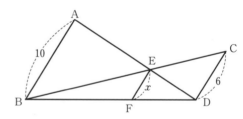

△EBA と △ECD について,

AB∥CD より,

∠ABE = ∠DCE, ∠BAE = ∠CDE (平行線の錯角は等しい)

2組の角が等しいので,

△EBA ∽ △ECD

対応する辺の比は等しいので,

$$BE : CE = AB : DC = 10 : 6 = 5 : 3$$

EF∥CD より,

$$EF : CD = BE : BC$$
$$x : 6 = 5 : 8$$
$$8x = 30$$
$$x = \frac{15}{4} \ 答$$

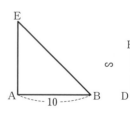

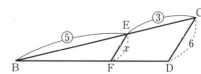

1 次の △ABC において, 点Gはその重心である。xの値を求めよ。

(1)

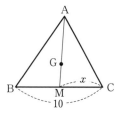

点Mは辺BCの中点であるから,

$$x=\frac{1}{2}BC=\frac{1}{2}\cdot10=5 \text{ 答}$$

(2)

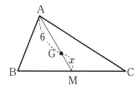

AG：GM＝2：1 であるから,

$$6：x＝2：1$$
$$2x＝6$$
$$x＝3 \text{ 答}$$

2 次の △ABC において, 点Oはその外心である。角xを求めよ。

(1)

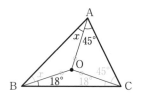

∠OCA＝∠OAC＝45°,
∠OCB＝∠OBC＝18°,
∠OBA＝∠OAB＝x,
三角形の内角の和は180°より,

$$45°×2＋18°×2＋2x＝180°$$
$$x＝27° \text{ 答}$$

(2)

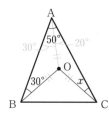

∠OAB＝∠OBA＝30°であるから,

$$∠OAC＝20°$$

よって, $x＝20°$ 答

CHALLENGE

(1) 図1において, 点Gは重心である。PQ∥BCであるとき, xの値を求めよ。

(2) 図2において, 点Oは外心である。角xを求めよ。

図1

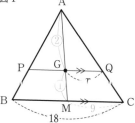

図2

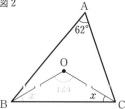

(1) 点Mは辺BCの中点だから, MC＝9
GQ∥MCより,

$$GQ：MC＝AG：AM$$
$$x：9＝2：3$$
$$x＝6 \text{ 答}$$

(2) 点Oは △ABCの外接円の中心なので, 円周角の定理より,

$$∠BOC＝2∠BAC＝124°$$

また, ∠OBC＝∠OCB＝xなので, 124°＋x＋x＝180°

よって, $x＝28°$ 答

1 次の △ABC において, 点 I はその内心である。角 x を求めよ。

(1)

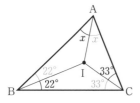

IA, IB, IC はそれぞれ角の二等分線なので,

$$\angle IBA = \angle IBC = 22°,$$
$$\angle ICB = \angle ICA = 33°,$$
$$\angle IAC = \angle IAB = x$$

である。

△ABC の内角の和は 180° より,

$$x + x + 22° + 22° + 33° + 33° = 180°$$
$$x = 35°\ \boxed{答}$$

(2)

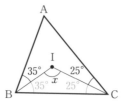

IB, IC はそれぞれ角の二等分線なので,

$$\angle IBC = \angle IBA = 35°,$$
$$\angle ICB = \angle ICA = 25°$$

△IBC の内角の和は 180° より,

$$x + 35° + 25° = 180°$$
$$x = 120°\ \boxed{答}$$

2 右の △ABC において, 点 H はその垂心である。
角 x を求めよ。

直線 AH と辺 BC の交点を D とすると,
H は垂心なので, $\angle ADC = 90°$
△ACD の内角の和は 180° より,
$$x = 180° - (90° + 52°) = 38°\ \boxed{答}$$

CHALLENGE 次の △ABC において, 点 I はその内心, 点 H はその垂心である。角 x を求めよ。

(1)

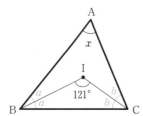

$\angle IBA = \angle IBC = a$, $\angle ICA = \angle ICB = b$
とおく。△IBC の内角の和は 180° より,

$$a + b + 121° = 180°$$
$$a + b = 59°$$

△ABC の内角の和は 180° より,

$$x + 2a + 2b = 180°$$
$$x = 180° - 2(a + b) = 180° - 2 \times 59°$$
$$= 62°\ \boxed{答}$$

(2)

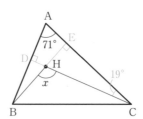

直線 CH と辺 AB の交点を D とする。
$\angle CDA = 90°$ より,
$$\angle ACH = 90° - 71° = 19°$$
直線 BH と辺 AC の交点を E とする。
△CEH で内角と外角の関係より,
$$x = \angle ECH + \angle CEH = 19° + 90°$$
$$= 109°\ \boxed{答}$$

34講 | 角の二等分線と線分の比

演習の問題 →本冊 P.85

1 右の △ABC について，∠A の二等分線と辺BC の交点を
P とするとき，x の値を求めよ。

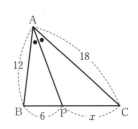

　　線分AP は ∠A の二等分線より，
　　　BP：PC＝AB：AC
　　　　　$6：x＝12：18$
　　　　　$6：x＝2：3$
　　　　　　$2x＝18$
　　　　　　$x＝9$ **答**

2 右の △ABC について，∠A の外角の二等分線と辺BC
の延長線の交点を Q とするとき，x の値を求めよ。

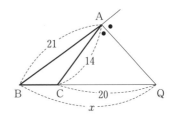

　　線分AQ は ∠A の外角の二等分線より，
　　　BQ：QC＝AB：AC
　　　　　$x：20＝21：14$
　　　　　$x：20＝3：2$
　　　　　　$2x＝60$
　　　　　　$x＝30$ **答**

CHALLENGE 　　右の △ABC において，∠A の二等分線と
　　　　　辺BC との交点を P，∠A の外角の二等分線
　　　　　が直線BC と交わる点を Q とする。線分PQ
　　　　　の長さを求めよ。

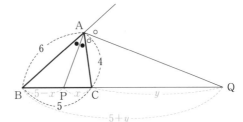

　　CP＝x とおくと，BP＝$5−x$ である。線分AP は ∠A
の二等分線より，
　　　BP：PC＝AB：AC
　　　$(5−x)：x＝6：4$
　　　　　　　$6x＝20−4x$
　　　　　　　　$x＝2$
　　また，CQ＝y とおくと，BQ＝$5+y$ である。線分AQ は ∠A の外角の二等分線より，
　　　BQ：QC＝AB：AC
　　　$(5+y)：y＝6：4$
　　　　　　　$6y＝20+4y$
　　　　　　　　$y＝10$
　　よって，PQ＝CP＋CQ＝$x+y＝2+10＝12$ **答**

▶参考
　　線分AP は，∠A の二等分線より，BP：PC＝AB：AC＝6：4＝3：2 であるから，
　　　　CP＝BC$×\dfrac{2}{3+2}＝5×\dfrac{2}{5}＝2$
　　線分AQ は，∠A の外角の二等分線より，BQ：QC＝AB：AC＝6：4＝3：2 であるから，
　　　　CQ＝BC$×\dfrac{2}{3−2}＝5×2＝10$

1 次の図において, 角xを求めよ。ただし点Oは円の中心である。

(1)

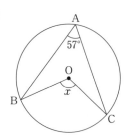

中心角は円周角の2倍なので,

$$x=2\times57°=114° 答$$

(2)

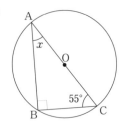

直径に対する円周角は90°より,

$$∠B=90°$$

△ABCの内角の和は180°より,

$$x=180°-(90°+55°)=35° 答$$

2 次の図において, 角xを求めよ。

(1)

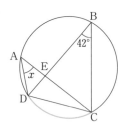

$\overparen{CD}$に対する円周角は等しいので,

$$x=42° 答$$

(2)

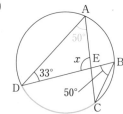

$\overparen{CD}$に対する円周角は等しいので,

$$∠DAC=50°$$

△ADEの内角の和は180°より,

$$x=180°-(50°+33°)=97° 答$$

CHALLENGE 円周角の定理①を証明する。

右図において, $∠APB=\dfrac{1}{2}∠AOB$を示せ。

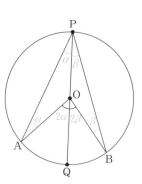

OP, OA, OBは円の半径で長さが等しいので, △OPAと△OPBはそれぞれ

<u>ア 二等辺</u> 三角形になる。二等辺三角形の底角は等しいから,

$$∠OPA=∠\boxed{\text{イ OAP}} (=\alpha とおく。)$$

$$∠OPB=∠\boxed{\text{ウ OBP}} (=\beta とおく。)$$

三角形の外角は隣り合わない2つの内角の和に等しいから,

$$∠AOQ=∠OPA+∠OAP=\boxed{\text{エ } 2\alpha}, ∠BOQ=∠OPB+∠OBP=\boxed{\text{オ } 2\beta}$$

よって,

$$∠APB=\boxed{\text{カ } \alpha+\beta}, ∠AOB=\boxed{\text{キ } 2(\alpha+\beta)} (エ～キは\alpha, \betaの式)$$

となるので, $∠APB=\dfrac{1}{2}∠AOB$が成り立つ。 答

1 次の図で, 角 x を求めよ。

(1)

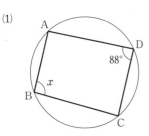

円に内接する四角形の向かい合う角の和は
$180°$ であるから,

$$x=180°-88°=92° \quad \text{答}$$

(2)

四角形が円に内接するとき, 1 つの内角は
それに向かい合う内角の隣にある外角に等し
いので,

$$x=101° \quad \text{答}$$

2 次の図で, 角 x を求めよ。ただし, 点Oは円の中心とする。

(1)

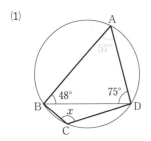

$\triangle$ABD の内角の和は $180°$ より,

$$\angle \text{DAB}=180°-(48°+75°)$$
$$=57°$$

円に内接する四角形の向かい合う角の和は
$180°$ であるから,

$$x=180°-57°=123° \quad \text{答}$$

(2)

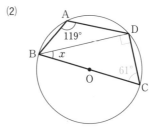

円に内接する四角形の向かい合う角の和
は $180°$ であるから,

$$\angle \text{BCD}=180°-119°=61°$$

直径に対する円周角は $90°$ より,

$$\angle \text{BDC}=90°$$

$\triangle$BCD の内角の和は $180°$ より,

$$x=180°-(90°+61°)=29° \quad \text{答}$$

CHALLENGE 右の図で, 角 x を求めよ。

$\triangle$ABE の内角の和は $180°$ より,

$$\angle \text{BAE}=180°-(72°+25°)$$
$$=83°$$

四角形が円に内接するとき, 1 つの内角はそれに
向かい合う内角の隣にある外角に等しいので,

$$x=83° \quad \text{答}$$

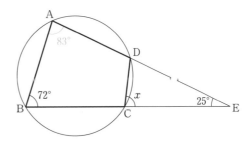

1 次の図で点Oは円の中心，点Pは接点である。xの値を求めよ。

(1)

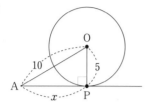

∠OPA＝90°なので，△OAPに
三平方の定理を用いると，

$$5^2+x^2=10^2$$
$$x^2=75$$

$x>0$ より，

$x=5\sqrt{3}$ 答

(2)

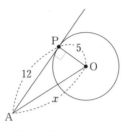

∠OPA＝90°なので，△OAPに
三平方の定理を用いると，

$$5^2+12^2=x^2$$
$$x^2=169$$

$x>0$ より，

$x=13$ 答

2 右の図で，点P, Q, Rはそれぞれ
接点である。xの値を求めよ。

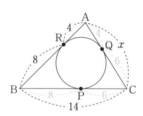

BP＝BR＝8 より，
　　PC＝14－8＝6
AQ＝AR＝4,
CQ＝PC＝6
より，
　　x＝AQ+QC
　　　＝4+6＝10 答

CHALLENGE 右の図で，P, Q, Rは △ABCの内接円
と辺BC, CA, ABとの接点である。また，
AB＝8, BC＝9, CA＝5 である。このとき，
BPの長さを求めよ。

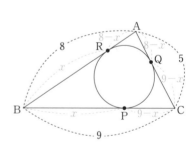

BP＝xとおくと，
　　BR＝BP＝x
　　AR＝8－x, CP＝9－x
であり，
　　AQ＝AR＝8－x, CQ＝CP＝9－x
AC＝AQ+CQより，
　　$5＝(8-x)+(9-x)$
　　$2x=12$
　　　$x=6$ 答

38講 接線と弦のつくる角

演習の問題 →本冊 P.93

1 次の図で，直線ATは円の接線であり，点Aはその接点である。角 x，角 y を求めよ。

(1)
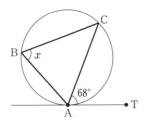

接線と弦のつくる角の性質より，
$$x = 68° \text{ 答}$$

(2)
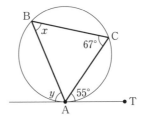

接線と弦のつくる角の性質より，
$$x = 55°,\ y = 67° \text{ 答}$$

2 次の図で，直線ATは円の接線であり，点Aはその接点である。角 x，角 y を求めよ。

(1)
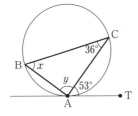

接線と弦のつくる角の性質より，
$$x = 53°$$
△ABCの内角の和は180°より，
$$y = 180° - (53° + 36°)$$
$$= 91° \text{ 答}$$

(2)
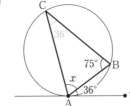

接線と弦のつくる角の性質より
$$\angle ACB = 36°$$
△ABCの内角の和は180°より，
$$x = 180° - (75° + 36°)$$
$$= 69° \text{ 答}$$

CHALLENGE 右の図において，直線EFは2つの円の共通接線であり，
点Tはその接点である。このとき，角 x を求めよ。

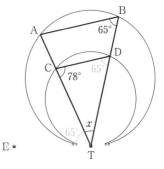

接線と弦のつくる角の性質より，
$$\angle ATE = 65°$$
また，
$$\angle CDT = \angle CTE = 65°$$
△CDTの内角の和は180°より，
$$x = 180° - (78° + 65°)$$
$$= 37° \text{ 答}$$

1 次の図において, x の値を求めよ。

(1)

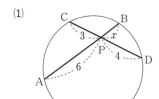

方べきの定理より,
$$PA \cdot PB = PC \cdot PD$$
$$6 \cdot x = 3 \cdot 4$$
$$x = 2 \ 答$$

(2)

方べきの定理より,
$$PA \cdot PB = PC \cdot PD$$
$$(x-3) \cdot 3 = 6 \cdot 2$$
$$3x - 9 = 12$$
$$x = 7 \ 答$$

2 次の図において, x の値を求めよ。

(1)

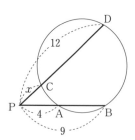

方べきの定理より,
$$PA \cdot PB = PC \cdot PD$$
$$4 \cdot 9 = x \cdot 12$$
$$x = 3 \ 答$$

(2)

方べきの定理より,
$$PA \cdot PB = PC \cdot PD$$
$$x(x+5) = 4 \cdot (4+2)$$
$$x^2 + 5x - 24 = 0$$
$$(x+8)(x-3) = 0$$
$$x > 0 \ より,$$
$$x = 3 \ 答$$

CHALLENGE　右の図において, 点Oは円の中心である。x の値を求めよ。

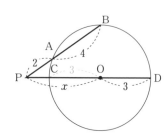

Oは円の中心であるから,
$$OC = OD = 3$$
方べきの定理より,
$$PA \cdot PB = PC \cdot PD$$
$$2 \cdot (2+4) = (x-3)(x+3)$$
$$12 = x^2 - 9$$
$$x^2 = 21$$
$x > 0$ より,
$$x = \sqrt{21} \ 答$$

1 次の図において，直線PTは円の接線であり，点Tはその接点である。x の値を求めよ。

(1)

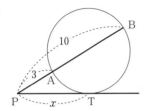

方べきの定理より，
$$PA \cdot PB = PT^2$$
$$3 \cdot 10 = x^2$$
$$x^2 = 30$$
$x > 0$ より，
$$x = \sqrt{30} \ \text{答}$$

(2)

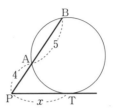

方べきの定理より，
$$PA \cdot PB = PT^2$$
$$4 \cdot (4+5) = x^2$$
$$x^2 = 36$$
$x > 0$ より，
$$x = 6 \ \text{答}$$

2 次の図において，直線PTは円の接線であり，点Tはその接点である。x の値を求めよ。

(1)

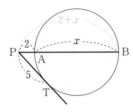

方べきの定理より，
$$PA \cdot PB = PT^2$$
$$2 \cdot (2+x) = 5^2$$
$$4 + 2x = 25$$
$$x = \frac{21}{2} \ \text{答}$$

(2)

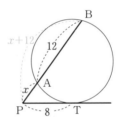

方べきの定理より，
$$PA \cdot PB = PT^2$$
$$x(x+12) = 8^2$$
$$x^2 + 12x - 64 = 0$$
$$(x+16)(x-4) = 0$$
$x > 0$ より，
$$x = 4 \ \text{答}$$

CHALLENGE 右の図において，点Oは円の中心，直線PTは円の接線であり，点Tはその接点である。x の値を求めよ。

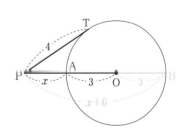

直線AOと円の交点のうち点Aでない方をBとする。
方べきの定理より，
$$PA \cdot PB = PT^2$$
$$x(x+6) = 4^2$$
$$x^2 + 6x - 16 = 0$$
$$(x+8)(x-2) = 0$$
$x > 0$ より，
$$x = 2 \ \text{答}$$

1 半径9の円と半径5の円がある。次の場合の中心間の距離dを求めよ。

(1) 2つの円が外接する。

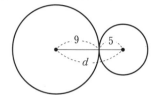

　　2つの円が外接するので，中心間の
距離dは半径の和より，
$$d=9+5=14 \text{ 答}$$

(2) 2つの円が内接する。

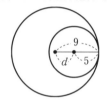

　　2つの円が内接するので，中心間の
距離dは，
（大きい円の半径）－（小さい円の半径）
より，
$$d=9-5=4 \text{ 答}$$

2 半径Rの円Oと半径rの円Pの中心間の距離がdであるとする。次のそれぞれの場合について，2つの円の位置関係を述べよ。また，2つの円に引ける共通接線の本数を答えよ。

(1) $R=6$, $r=3$, $d=8$

　　$6-3<8<6+3$
であるから，
　　$R-r<d<R+r$
よって，2つの円は **2点で交わる**。
また，共通接線は **2本**。答

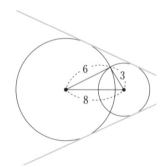

(2) $R=4$, $r=3$, $d=1$

　　$4-3=1$
であるから，
　　$R-r=d$
よって，2つの円は **内接する**。
また，共通接線は **1本**。答

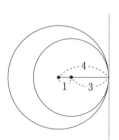

(3) $R=7$, $r=3$, $d=2$

　　$2<7-3$
であるから，
　　$d<R-r$
よって，2つの円の **一方が他方の内部にある**。
また，共通接線は **0本**。答

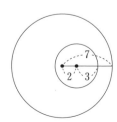

42講 | 作図

演習の問題 →本冊 P.101

1 ∠AOB の二等分線が前ページの作図方法でかけることの
証明について, 次の空欄をうめよ。

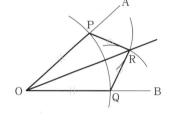

答 △OPR と △OQR について考える。点 O を中心とする
弧の交点が P, Q であるので,

     OP=ᵃ**OQ**

   点 P, Q を中心とする弧の半径が等しいので,

     PR=ⁱ**QR**

   辺 OR は共通なので,

     OR=OR

   したがって, ᵂ**3 組の辺** がそれぞれ等しいので, △OPR≡△OQR である。

   対応する角は等しいので,

     ∠POR=∠ᴱ**QOR**

   よって, 直線 OR は ∠AOB の二等分線である。

CHALLENGE　点 P から直線 l に垂線を引く方法は次のとおりである。

① 点 P に針をおき, 直線 l と 2 点で交わる弧をかく。

② ①の交点 A, B それぞれに針をおき, 等しい半径の弧をかく。2 つ
の弧の交点を Q とする。

③ P, Q を結ぶ直線が, 直線 l の垂線である。

   垂線が上の方法でかけることの証明について, 次の空欄をうめよ。

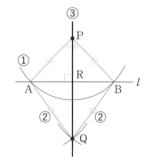

答 直線 PQ と直線 l の交点を R とする。

   △PAQ と △PBQ について,

     PA=ᵃ**PB** , AQ=ⁱ**BQ** , PQ=PQ

   より, ᵂ**3 組の辺** がそれぞれ等しいので, △PAQ≡△PBQ

   対応する角は等しいので, ∠APR=∠ᴱ**BPR**

   また, △APR と △BPR について,

     PA=ᵗ**PB** , PR=PR, ∠APR=∠ᵏ**BPR** ,

   より, ⁺**2 組の辺とその間の角** がそれぞれ等しいので, △APR≡△BPR

   対応する角は等しいので, ∠ARP=∠BRP=ᵏ**90** °。

   よって, 直線 PQ は直線 l の垂線である。

1 右の直方体 ABCD−EFGH について, 次の問いに答えよ。

(1) 面 BCGF と平行な面はどれか。

答 面 ADHE

(2) 面 BCGF と垂直な面はどれか。

答 面 ABCD, 面 ABFE, 面 EFGH, 面 DCGH

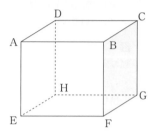

2 右の直方体 ABCD−EFGH について, 次の問いに答えよ。

(1) 面 BCGF と平行な辺はどれか。

答 辺 AD, 辺 EH, 辺 AE, 辺 DH

(2) 面 BCGF と垂直な辺はどれか。

答 辺 AB, 辺 DC, 辺 HG, 辺 EF

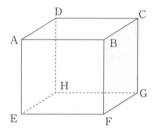

3 右の直方体 ABCD−EFGH について, 次の問いに答えよ。

(1) 辺 BC と平行な辺はどれか。

答 辺 AD, 辺 EH, 辺 FG

(2) 辺 BC と垂直な辺はどれか。

答 辺 AB, 辺 DC, 辺 BF, 辺 CG

(3) 辺 BC とねじれの位置にある辺はどれか。

答 辺 AE, 辺 DH, 辺 EF, 辺 HG

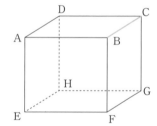

CHALLENGE　右の図は, 直方体から三角柱を切り取った
立体の図である。このとき, 次の問いに答えよ。

(1) 辺 AB と平行な辺はどれか。

答 辺 DC, 辺 EF, 辺 HG

(2) 辺 BC とねじれの位置にある辺はどれか。

答 辺 EF, 辺 HG, 辺 AE, 辺 DH

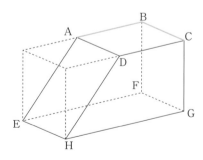

1 ア, イのそれぞれについて, 次の問いに答えよ。

(1) 何面体か。

　ア　五面体　　イ　四面体 **答**

(2) 辺の数を求めよ。

　ア　9本　　　イ　6本 **答**

(3) 頂点の数を求めよ。

　ア　6個　　　イ　4個 **答**

(4) (頂点の数)−(辺の数)+(面の数)の値を求めよ。

　ア　6−9+5=2　　イ　4−6+4=2 **答**

ア　三角柱　　　　イ　三角錐

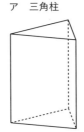
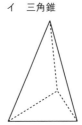

CHALLENGE 　次の正多面体について, 下の表の空欄をうめよ。

答

正多面体	面の形	1つの頂点に集まる面の数	頂点の数	辺の数	面の数
正四面体	正三角形	3	4	6	4
正六面体	正方形	3	8	12	6
正八面体	正三角形	4	6	12	8
正十二面体	正五角形	3	20	30	12
正二十面体	正三角形	5	12	30	20

▶ 参考

(i) 面の形について

これは覚えましょう。

(ii) 面の数について

例えば, 正八面体ならば「面の数は 8」のように面の数は名前からわかります。

(iii) 頂点の数について

例えば, 正十二面体であれば, 正五角形が 12 個集まってできた立体であり, 1 つの頂点に集まる面の数は 3 より,

　　　$5×12÷3=20$ ◀ 5×12 だと, 1 つの頂点を 3 つと重複して数えている。

と求められます。

(iv) 辺の数について

穴の開いていない多面体の頂点の数, 辺の数, 面の数には, 次のような法則があります。

(頂点の数)−(辺の数)+(面の数)=2

これを「オイラーの多面体定理」といいます。

例えば正八面体において, 面の数が 8, 頂点の数が 6 だとわかれば, 辺の数は,

　　　$6−(辺の数)+8=2$

より, (辺の数)=12 だとわかります。

1 つの辺を 2 つの面が共有しているので, 次のように求めることもできます。

　　　(辺の数)=(1 つの面の辺の数)×(面の数)÷2=3×8÷2=12

1 次の a, b について, a を b でわったときの商と余りを求めよ。

(1) $a=37$, $b=4$

$37=4\cdot 9+1$ より,

商は 9, 余りは 1 **答**

(2) $a=-43$, $b=8$

$-43=8\cdot(-6)+5$ より,

商は -6, 余りは 5 **答**

$a=bq+r$ のとき,
$0\leqq r<b$ であれば,
r を b でわった余りという。

2 a, b は整数とする。a を 7 でわると 5 余り, b を 7 でわると 6 余る。このとき, 次の整数を 7 でわったときの余り
を求めよ。

(1) $2a+3b$

(2) ab

k, l を整数として, $a=7k+\boxed{^{ア}5}$, $b=7l+\boxed{^{イ}6}$ とおける。

(1) $2a+3b=2(7k+\boxed{^{ア}5})+3(7l+\boxed{^{イ}6})=14k+21l+\boxed{^{ウ}28}$

$\qquad =7(2k+3l+\boxed{^{エ}4})$

よって, $2a+3b$ を 7 でわった余りは $\boxed{^{オ}0}$

(2) $ab=(7k+\boxed{^{ア}5})(7l+\boxed{^{イ}6})=49kl+\boxed{^{カ}42}k+\boxed{^{キ}35}l+\boxed{^{ク}30}$

$\qquad =7(7kl+\boxed{^{ケ}6}k+\boxed{^{コ}5}l+\boxed{^{サ}4})+\boxed{^{シ}2}$

よって, ab を 7 でわった余りは $\boxed{^{シ}2}$ **答**

CHALLENGE 整数 n に対し, n^2 を 3 でわった余りを求めよ。

(ⅰ) $n=3k$（k は整数）のとき
$\qquad n^2=(3k)^2=3(3k^2)$
よって, n^2 を 3 でわった余りは 0

(ⅱ) $n=3k+1$（k は整数）のとき
$\qquad n^2=(3k+1)^2=9k^2+6k+1=3(3k^2+2k)+1$
よって, n^2 を 3 でわった余りは 1

(ⅲ) $n=3k+2$（k は整数）のとき
$\qquad n^2=(3k+2)^2=9k^2+12k+4=3(3k^2+4k+1)+1$
よって, n^2 を 3 でわった余りは 1
以上より, n^2 を 3 でわった余りは,
　n が 3 の倍数のとき, 0
　n が 3 の倍数でないとき, 1 **答**

k を整数として,
(ⅰ) $n=3k$
(ⅱ) $n=3k+1$
(ⅲ) $n=3k+2$
のように, n を 3 でわった余りで
分類した 3 パターンを調べれば,
すべての整数について調べたこ
とになる。

▶ 参考

k	$\cdots$	-3	-2	-1	0	1	2	3	$\cdots$
$3k+2$	$\cdots$	-7	-4	-1	2	5	8	11	$\cdots$
$3k-1$	$\cdots$	-10	-7	-4	-1	2	5	8	$\cdots$

からわかるように, k が整数のとき,

$\qquad 3k+2$（3 の倍数に 2 を加えた数）と $3k-1$（3 の倍数に 1 たりない数）は, 同じ数の集合を表している。

(ⅲ) $n=3k+2$ の代わりに $n=3k-1$ として, n^2 を 3 でわった余りを求めてもよい。

$\qquad n^2=(3k-1)^2=9k^2-6k+1=3(3k^2-2k)+1$

となり, このとき n^2 を 3 でわった余りは 1 であることがわかる。

1 次の数を素因数分解せよ。

(1) 264

$$
\begin{array}{r|r}
2) & 264 \\
\hline
2) & 132 \\
\hline
2) & 66 \\
\hline
3) & 33 \\
\hline
& 11
\end{array}
$$

これより,
$264 = 2^3 \cdot 3 \cdot 11$ 答

(2) 840

$$
\begin{array}{r|r}
2) & 840 \\
\hline
2) & 420 \\
\hline
2) & 210 \\
\hline
3) & 105 \\
\hline
5) & 35 \\
\hline
& 7
\end{array}
$$

これより,
$840 = 2^3 \cdot 3 \cdot 5 \cdot 7$ 答

(3) 3960

$$
\begin{array}{r|r}
2) & 3960 \\
\hline
2) & 1980 \\
\hline
2) & 990 \\
\hline
3) & 495 \\
\hline
3) & 165 \\
\hline
5) & 55 \\
\hline
& 11
\end{array}
$$

これより,
$3960 = 2^3 \cdot 3^2 \cdot 5 \cdot 11$ 答

CHALLENGE　264 にできるだけ小さい自然数 n をかけてある自然数の 2 乗にしたい。このとき, 自然数 n を求めよ。

$264 = 2^3 \cdot 3 \cdot 11$

$264n$ が (ある自然数)^2 となるのは 264 を素因数分解したとき, それぞれの素因数が偶数乗となるときである。

n は「できるだけ小さい自然数」であるから,

$264n = 2^4 \cdot 3^2 \cdot 11^2$

となるときであり,

$n = 2 \cdot 3 \cdot 11 = 66$ 答

▶ 参考

このとき,

$264n = (2^3 \cdot 3 \cdot 11) \times (2 \cdot 3 \cdot 11)$

$= 2^4 \cdot 3^2 \cdot 11^2$

$= (2^2 \cdot 3^1 \cdot 11^1)^2$

となり, $264n$ は $2^2 \cdot 3 \cdot 11$ の 2 乗になる。

アドバイス

┌倍数の判定法──────
│ 2 の倍数…一の位が 2 の倍数
│ 3 の倍数…各位の数の和が 3 の倍数
│ 4 の倍数…下 2 桁が 4 の倍数
│ 5 の倍数…一の位が 5 の倍数
│ 6 の倍数…2 の倍数かつ 3 の倍数
│ 8 の倍数…下 3 桁が 8 の倍数
│ 9 の倍数…各位の数の和が 9 の倍数
└──────────────

を知っていると, 何でわるかがみつけやすくなって, 素因数分解のスピードが速くなります。

1 次の2つの数の最大公約数を求めよ。

(1) 144, 168

それぞれを素因数分解すると,
$$144 = 2^4 \cdot 3^2$$
$$168 = 2^3 \cdot 3 \cdot 7$$

$$144 = \boxed{2 \cdot 2 \cdot 2} \cdot \boxed{2} \cdot \boxed{3} \cdot 3$$
$$168 = \boxed{2 \cdot 2 \cdot 2} \quad\; \cdot \boxed{3} \quad\; \cdot 7$$
$$(最大公約数) = 2 \cdot 2 \cdot 2 \quad\; \cdot 3$$
$$\qquad\qquad = 2^3 \cdot 3$$
$$\qquad\qquad = 24 \text{ 答}$$

(2) 210, 252

それぞれを素因数分解すると,
$$210 = 2 \cdot 3 \cdot 5 \cdot 7$$
$$252 = 2^2 \cdot 3^2 \cdot 7$$

$$210 = \boxed{2} \quad\; \cdot \boxed{3} \quad\; \cdot 5 \cdot \boxed{7}$$
$$252 = \boxed{2} \cdot 2 \cdot \boxed{3} \cdot 3 \quad\; \cdot \boxed{7}$$
$$(最大公約数) = 2 \quad\; \cdot 3 \quad\; \cdot 7$$
$$\qquad\qquad = 42 \text{ 答}$$

2 108とnの最大公約数が18となるような200以下の自然数nをすべて求めよ。

答 108と18を素因数分解すると,
$$108 = 2^2 \cdot 3^3, \; 18 = 2 \cdot 3^2$$
より, 108と最大公約数が18であるnは,
$$n = 2 \cdot 3^{\boxed{ア\,2}} \cdot k \quad (kは2と3とは互いに素な自然数)$$
の形で表され, nは200以下の自然数であるから,
$$k = \boxed{イ\,1}, \; \boxed{ウ\,5}, \; \boxed{エ\,7}, \; \boxed{オ\,11}$$
これより, 求めるnは
$$n = 2 \cdot 3^{\boxed{ア\,2}} \cdot \boxed{イ\,1}, \; 2 \cdot 3^{\boxed{ア\,2}} \cdot \boxed{ウ\,5}, \; 2 \cdot 3^{\boxed{ア\,2}} \cdot \boxed{エ\,7}, \; 2 \cdot 3^{\boxed{ア\,2}} \cdot \boxed{オ\,11}$$
$$= \boxed{カ\,18}, \; \boxed{キ\,90}, \; \boxed{ク\,126}, \; \boxed{ケ\,198}$$

CHALLENGE　84と120と180の最大公約数を素因数分解を利用して求めよ。

84, 120, 180をそれぞれ素因数分解すると,
$$84 = 2^2 \cdot 3 \cdot 7$$
$$120 = 2^3 \cdot 3 \cdot 5$$
$$180 = 2^2 \cdot 3^2 \cdot 5$$
であるから, 最大公約数は,
$$2^2 \cdot 3 = 12 \text{ 答}$$

$$84 = \boxed{2 \cdot 2} \quad\; \cdot \boxed{3} \quad\quad\; \cdot 7$$
$$120 = \boxed{2 \cdot 2} \cdot 2 \cdot \boxed{3} \quad\; \cdot 5$$
$$180 = \boxed{2 \cdot 2} \quad\; \cdot \boxed{3} \cdot 3 \cdot 5$$
$$(最大公約数) = 2 \cdot 2 \quad\; \cdot 3 \quad\quad\; = 12$$

1 次の 2 つの数の最小公倍数を求めよ。

(1) 72, 132

2 つの数を素数の積で表すと,

$$72 = \boxed{2 \cdot 2 \cdot 2} \cdot \boxed{3 \cdot 3} \boxed{}$$
$$132 = \boxed{2 \cdot 2} \cdot \boxed{3} \cdot \boxed{11}$$

(最小公倍数)$= 2 \cdot 2 \cdot 2 \cdot 3 \cdot 3 \cdot 11$

よって,最小公倍数は,

$$2^3 \cdot 3^2 \cdot 11 = 792 \text{ 答}$$

(2) 364, 390

2 つの数を素数の積で表すと,

$$364 = \boxed{2 \cdot 2} \boxed{} \cdot \boxed{7 \cdot 13}$$
$$390 = \boxed{2} \cdot \boxed{3 \cdot 5} \cdot \boxed{13}$$

(最小公倍数)$= 2 \cdot 2 \cdot 3 \cdot 5 \cdot 7 \cdot 13$

よって,最小公倍数は,

$$2^2 \cdot 3 \cdot 5 \cdot 7 \cdot 13 = 5460 \text{ 答}$$

2 21 と n の最小公倍数が 378 となる自然数 n をすべて求めよ。

答 21 と 378 をそれぞれ素因数分解すると,

$$21 = 3 \cdot 7, \quad 378 = 2 \cdot 3^3 \cdot 7$$

これより,21 と最小公倍数が 378 となる自然数 n は,

$$n = \boxed{^{ア} 2} \cdot \boxed{^{イ} 3}^{\boxed{^{ウ} 3}}, \quad \boxed{^{ア} 2} \cdot \boxed{^{イ} 3}^{\boxed{^{ウ} 3}} \cdot \boxed{^{エ} 7}$$
$$= \boxed{^{オ} 54}, \quad \boxed{^{カ} 378}$$

- -

▶ 参考

21($=3 \cdot 7$)と n の最小公倍数が 378($=2 \cdot 3^3 \cdot 7$)となるには,n は

$$2 \cdot 3^3$$

を因数にもつ必要がある。7 は因数にもってももたなくてもよいので,

$$n = 2 \cdot 3^3, \ 2 \cdot 3^3 \cdot 7$$

7 を因数   7 を因数
にもたない にもつ

$$= 54, \ 378$$

- -

CHALLENGE 126, 490, 630 の最小公倍数を求めよ。

$$126 = \boxed{2 \cdot 3 \cdot 3} \boxed{} \cdot \boxed{7}$$
$$490 = \boxed{2} \boxed{} \cdot \boxed{5 \cdot 7 \cdot 7}$$
$$630 = \boxed{2 \cdot 3 \cdot 3 \cdot 5} \cdot \boxed{7}$$

(最小公倍数)$= 2 \cdot 3 \cdot 3 \cdot 5 \cdot 7 \cdot 7$

よって,最小公倍数は,

$$2 \cdot 3^2 \cdot 5 \cdot 7^2 = 4410 \text{ 答}$$

49講 ユークリッドの互除法

演習の問題 →本冊 P.115

1 次の 2 つの数の最大公約数をユークリッドの互除法を用いて求めよ。

(1) 102, 357

357＝102・3＋51 より，
　　GCD(357, 102)＝GCD(102, 51)
102＝51・2 より，
　　GCD(102, 51)＝51
よって，GCD(357, 102)＝51 答

$$\begin{array}{r} 3 \\ 102\overline{)357} \\ 306 \\ \hline 51 \end{array} \qquad \begin{array}{r} 2 \\ 51\overline{)102} \\ 102 \\ \hline 0 \end{array}$$

(2) 621, 713

713＝621・1＋92 より，
　　GCD(713, 621)＝GCD(621, 92)
621＝92・6＋69 より，
　　GCD(621, 92)＝GCD(92, 69)
92＝69・1＋23 より，
　　GCD(92, 69)＝GCD(69, 23)
69＝23・3 より，
　　GCD(69, 23)＝23
よって，GCD(713, 621)＝23 答

$$\begin{array}{r} 1 \\ 621\overline{)713} \\ 621 \\ \hline 92 \end{array} \quad \begin{array}{r} 6 \\ 92\overline{)621} \\ 552 \\ \hline 69 \end{array} \quad \begin{array}{r} 1 \\ 69\overline{)92} \\ 69 \\ \hline 23 \end{array} \quad \begin{array}{r} 3 \\ 23\overline{)69} \\ 69 \\ \hline 0 \end{array}$$

CHALLENGE　次の 2 つの数の最大公約数をユークリッドの互除法を用いて求めよ。

(1) 583, 1537

1537＝583・2＋371 より，
　　GCD(1537, 583)＝GCD(583, 371)
583＝371・1＋212 より，
　　GCD(583, 371)＝GCD(371, 212)
371＝212・1＋159 より，
　　GCD(371, 212)＝GCD(212, 159)
212＝159・1＋53 より，
　　GCD(212, 159)＝GCD(159, 53)
159＝53・3 より，
　　GCD(159, 53)＝53
よって，GCD(1537, 583)＝53 答

$$\begin{array}{r} 2 \\ 583\overline{)1537} \\ 1166 \\ \hline 371 \end{array} \quad \begin{array}{r} 1 \\ 371\overline{)583} \\ 371 \\ \hline 212 \end{array} \quad \begin{array}{r} 1 \\ 212\overline{)371} \\ 212 \\ \hline 159 \end{array} \quad \begin{array}{r} 1 \\ 159\overline{)212} \\ 159 \\ \hline 53 \end{array} \quad \begin{array}{r} 3 \\ 53\overline{)159} \\ 159 \\ \hline 0 \end{array}$$

(2) 2021, 4296

4296＝2021・2＋254 より，
　　GCD(4296, 2021)＝GCD(2021, 254)
2021＝254・7＋243 より，
　　GCD(2021, 254)＝GCD(254, 243)
254＝243・1＋11 より，
　　GCD(254, 243)＝GCD(243, 11)
243＝11・22＋1 より，
　　GCD(243, 11)＝GCD(11, 1)
11＝1・11 より，
　　GCD(11, 1)＝1
よって，GCD(4296, 2021)＝1 答

$$\begin{array}{r} 2 \\ 2021\overline{)4296} \\ 4042 \\ \hline 254 \end{array} \quad \begin{array}{r} 7 \\ 254\overline{)2021} \\ 1778 \\ \hline 243 \end{array} \quad \begin{array}{r} 1 \\ 243\overline{)254} \\ 243 \\ \hline 11 \end{array} \quad \begin{array}{r} 22 \\ 11\overline{)243} \\ 22 \\ \hline 23 \\ 22 \\ \hline 1 \end{array}$$

1 方程式 $(x-3)(y+5)=4$ の整数解をすべて求めよ。

x, y が整数であるとき，$x-3, y+5$ も整数であり，4 の約数に着目して，

$(x-3, y+5)=(-4, -1), (-2, -2), (-1, -4), (1, 4), (2, 2), (4, 1)$

$(x, y)=(-1, -6), (1, -7), (2, -9), (4, -1), (5, -3), (7, -4)$ 答

2 方程式 $xy-3x-2y+12=0$ の整数解をすべて求めよ。

$xy-3x-2y+12=0$ より，

$x(y-3)-2y+12=0$

$x(y-3)-2(y-3)-6+12=0$

$(x-2)(y-3)=-6$

x, y が整数であるとき，$x-2, y-3$ も整数であり，-6 の約数に着目して，

$(x-2, y-3)=(-6, 1), (-3, 2), (-2, 3), (-1, 6), (1, -6), (2, -3), (3, -2), (6, -1)$

$(x, y)=(-4, 4), (-1, 5), (0, 6), (1, 9), (3, -3), (4, 0), (5, 1), (8, 2)$ 答

CHALLENGE　方程式 $3xy-6x+y-7=0$ の整数解をすべて求めよ。

両辺を 3 で割ると，

$$xy-2x+\frac{1}{3}y-\frac{7}{3}=0$$

$$x(y-2)+\frac{1}{3}y-\frac{7}{3}=0$$

$$x(y-2)+\frac{1}{3}(y-2)+\frac{2}{3}-\frac{7}{3}=0$$

$$\left(x+\frac{1}{3}\right)(y-2)=\frac{5}{3}$$

$$(3x+1)(y-2)=5 \qquad 3倍$$

x, y が整数であるとき，$3x+1, y-2$ も整数であり，5 の約数に着目して

$(3x+1, y-2)=(-5, -1), (-1, -5), (1, 5), (5, 1)$

$(x, y)=(-2, 1), \left(-\frac{2}{3}, -3\right), (0, 7), \left(\frac{4}{3}, 3\right)$

x, y は整数であるから，求める整数解は，

$(x, y)=(-2, 1), (0, 7)$ 答

1 次の方程式の整数解をすべて求めよ。

(1) $7x=4y$

　7と4は互いに素であるから，
k を整数として
$$x=4k$$
これを $7x=4y$ に代入して，
$$7\cdot4k=4y$$
$$y=7k$$
よって，すべての整数解は，
$$(x,\,y)=(4k,\,7k)\quad(k\text{は整数})\ \text{答}$$

(2) $3x+8y=0$

　$$3x=-8y\quad\cdots①$$
3と8は互いに素であるから，
k を整数として
$$x=8k\quad(k\text{は整数})$$
①より
$$3\cdot8k=-8y$$
$$y=-3k$$
よって，すべての整数解は，
$$(x,\,y)=(8k,\,-3k)\quad(k\text{は整数})\ \text{答}$$

2 方程式 $11x+7y=1$ の整数解をすべて求めよ。

　$11x+7y=1\cdots①$ とおく。
$(x,\,y)=(2,\,-3)$ は①の特殊解であるから，
$$11\cdot2+7\cdot(-3)=1\quad\cdots②$$
①－②より，
$$11(x-2)+7(y+3)=0$$
$$11(x-2)=-7(y+3)\quad\cdots③$$
11と7は互いに素であるから，k を整数として，
$$x-2=7k,\ y+3=-11k$$
よって，すべての整数解は，
$$(x,\,y)=(7k+2,\,-11k-3)\quad(k\text{は整数})\ \text{答}$$

$$\begin{array}{r}11x+7y=1\cdots①\\[-2pt]-)\ \ 11\cdot2+7\cdot(-3)=1\cdots②\\\hline 11(x-2)+7(y+3)=0\end{array}$$

$x-2=7k$ を③に代入して，
$$11\cdot7k=-7(y+3)$$
両辺を -7 でわって
$$-11k=y+3$$

CHALLENGE　方程式 $4x+9y=7$ の整数解をすべて求めよ。

　$(x,\,y)=(-2,\,1)$ は $4x+9y=1$ の特殊解であるから，
$$4\cdot(-2)+9\cdot1=1$$
両辺を7倍すると，
$$4\cdot(-14)+9\cdot7=7$$
これを $4x+9y=7$ から引いて，
$$4(x+14)+9(y-7)=0$$
$$4(x+14)=-9(y-7)$$
4と9は互いに素であるから，k を整数として，
$$x+14=9k,\ y-7=-4k$$
よって，すべての整数解は，
$$(x,\,y)=(9k-14,\,-4k+7)\quad(k\text{は整数})\ \text{答}$$

$$\begin{array}{r}4x+9y=7\\[-2pt]-)\ \ 4\cdot(-14)+9\cdot7=7\\\hline 4(x+14)+9(y-7)=0\end{array}$$

$x+14=9k$ を
$$4(x+14)=-9(y-7)$$
に代入して，
$$4\cdot9k=-9(y-7)$$
両辺を -9 でわって
$$-4k=y-7$$

1 2 進法で表された次の数を 10 進法で表せ。

(1) $11101_{(2)}$　　　　　　　　(2) $110001_{(2)}$　　　　　　　　(3) $1101010_{(2)}$

(1) $11101_{(2)} = 2^4 \cdot 1 + 2^3 \cdot 1 + 2^2 \cdot 1 + 2^1 \cdot 0 + 2^0 \cdot 1$
$= 16 + 8 + 4 + 1$
$= 29$ 答

(2) $110001_{(2)} = 2^5 \cdot 1 + 2^4 \cdot 1 + 2^3 \cdot 0 + 2^2 \cdot 0 + 2^1 \cdot 0 + 2^0 \cdot 1$
$= 32 + 16 + 1$
$= 49$ 答

(3) $1101010_{(2)} = 2^6 \cdot 1 + 2^5 \cdot 1 + 2^4 \cdot 0 + 2^3 \cdot 1 + 2^2 \cdot 0 + 2^1 \cdot 1 + 2^0 \cdot 0$
$= 64 + 32 + 8 + 2$
$= 106$ 答

CHALLENGE　　1 から 15 までの自然数が, 次のように 4 枚のカード A, B, C, D に書かれている。

A	B	C	D
1　3　5　7	2　3　7　11	4　5　7　13	8　9　11　13
9　11　13　15	14　15　X　Y	14　15　X　Z	14　15　Y　Z

　　A には, 2 進で書き表したとき, 2^0 の位が 1 になる自然数が書かれている。同様に B〜D も, 2 進法で書き表したとき共通の位が 1 になるようなルールに基づいて自然数 1〜15 が書かれている。
　　このとき, X, Y, Z の値を求めよ。

B：$2 = 10_{(2)}$, $3 = 11_{(2)}$, $7 = 111_{(2)}$, $11 = 1011_{(2)}$, $14 = 1110_{(2)}$, $15 = 1111_{(2)}$
C：$4 = 100_{(2)}$, $5 = 101_{(2)}$, $7 = 111_{(2)}$, $13 = 1101_{(2)}$, $14 = 1110_{(2)}$, $15 = 1111_{(2)}$
D：$8 = 1000_{(2)}$, $9 = 1001_{(2)}$, $11 = 1011_{(2)}$, $13 = 1101_{(2)}$, $14 = 1110_{(2)}$, $15 = 1111_{(2)}$
より, それぞれのカードに書かれている自然数は, 2 進法で書き表すと,
B：2^1 の位が 1 になる自然数
C：2^2 の位が 1 になる自然数
D：2^3 の位が 1 になる自然数
となっている。カードに書かれている自然数でまだどこに書かれているか明らかでないのは
6, 10, 12
である。
$6 = 110_{(2)}$, $10 = 1010_{(2)}$, $12 = 1100_{(2)}$
であり,
　X は B と C に書かれているので, 2^1 と 2^2 の位が 1 より, $X = 110_{(2)}$
　Y は B と D に書かれているので, 2^1 と 2^3 の位が 1 より, $Y = 1010_{(2)}$
　Z は C と D に書かれているので, 2^2 と 2^3 の位が 1 より, $Z = 1100_{(2)}$
よって,
　$X = 6$, $Y = 10$, $Z = 12$ 答

A	B	C	D
1　3　5　7	2　3　6　7	4　5　6　7	8　9　10　11
9　11　13　15	10　11　14　15	12　13　14　15	12　13　14　15

1 次の10進法で表された数を，2進法で表せ。

(1) 86

$$
\begin{array}{r}
2)\underline{86} \\
2)\underline{43}\ \cdots 0 \\
2)\underline{21}\ \cdots 1 \\
2)\underline{10}\ \cdots 1 \\
2)\underline{5}\ \cdots 0 \\
2)\underline{2}\ \cdots 1 \\
2)\underline{1}\ \cdots 0 \\
0\ \cdots 1
\end{array}
$$

これより，$86 = 1010110_{(2)}$ 答

(2) 128

$$
\begin{array}{r}
2)\underline{128} \\
2)\underline{64}\ \cdots 0 \\
2)\underline{32}\ \cdots 0 \\
2)\underline{16}\ \cdots 0 \\
2)\underline{8}\ \cdots 0 \\
2)\underline{4}\ \cdots 0 \\
2)\underline{2}\ \cdots 0 \\
2)\underline{1}\ \cdots 0 \\
0\ \cdots 1
\end{array}
$$

これより，$128 = 10000000_{(2)}$ 答

▶参考

$$86 = 1\cdot a + 2\cdot b + 2^2\cdot c + 2^3\cdot d + 2^4\cdot e + 2^5\cdot f + \cdots \quad \text{①}$$

とすると，

a は 86 を 2 でわった余りで 0

①に $a=0$ を代入して，両辺を 2 でわると，

$$43 = 1\cdot b + 2\cdot c + 2^2\cdot d + 2^3\cdot e + 2^4\cdot f + \cdots \quad \text{②}$$

であり，

b は 43 を 2 でわった余りで 1

②に $b=1$ を代入して，

$$43 = 1 + 2\cdot c + 2^2\cdot d + 2^3\cdot e + 2^4\cdot f + \cdots \quad \text{③}$$

両辺から 1 をひいて，2 でわると，

$$21 = 1\cdot c + 2\cdot d + 2^2\cdot e + 2^3\cdot f + \cdots$$

c は 21 を 2 でわった余りで 1

$$\vdots$$

と考えれば，2 でわっていき，逆順に読めばよいことがわかる。

CHALLENGE　1g, 2g, 4g, 8g, 16g, 32g, 64g の重りが1個ずつある。これらを使って120gの重さを量りたい。何g の重りを使えばよいか。

$$1=2^0, 2=2^1, 4=2^2, 8=2^3, 16=2^4, 32=2^5, 64=2^6$$

であるから，120 の2進法での表し方がわかればよい。

120 を $1, 2^1, 2^2, 2^3, 2^4, 2^5, 2^6$ を使って表現できればよいから，120 の2進法での表し方がわかればいいね！

$$
\begin{array}{r}
2)\underline{120} \\
2)\underline{60}\ \cdots 0 \\
2)\underline{30}\ \cdots 0 \\
2)\underline{15}\ \cdots 0 \\
2)\underline{7}\ \cdots 1 \\
2)\underline{3}\ \cdots 1 \\
2)\underline{1}\ \cdots 1 \\
0\ \cdots 1
\end{array}
$$

$120 = 1111000_{(2)}$

$$120 = 2^6\cdot 1 + 2^5\cdot 1 + 2^4\cdot 1 + 2^3\cdot 1 + 2^2\cdot 0 + 2^1\cdot 0 + 2^0\cdot 0$$

120g は，2^3g, 2^4g, 2^5g, 2^6g の重りの合計と等しい。

よって，用いる重りは，2^3g, 2^4g, 2^5g, 2^6g, すなわち

8g, 16g, 32g, 64g の重り 答

である。

1 平らな広場の地点Oを原点として, 東の方向をx軸の正の向き, 北の方向をy軸の正の向きとする座標平面を考える。また, 1mを1の長さとする。

　　このとき, 地点Oから西に3m, 北に4m進んだ位置にある点の座標を求めよ。

　求める点は,

　　　西に3mより, x軸の負の向きに3,

　　　北に4mより, y軸の正の向きに4

進んだ点より,

　　　$(-3, 4)$ 答

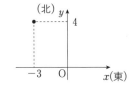

2 座標平面上の2点$A(-3, 2)$, $B(2, -10)$間の距離ABを求めよ。

$$AB=\sqrt{\{2-(-3)\}^2+(-10-2)^2}$$
$$=\sqrt{25+144}$$
$$=\sqrt{169}$$
$$=13 \text{ 答}$$

$AB=\sqrt{(x座標の差)^2+(y座標の差)^2}$

CHALLENGE 平らな広場の地点Oを原点として, 東の方向をx軸の正の向き, 北の方向をy軸の正の向きとする座標平面を考える。また, 1mを1の長さとする。

　　広場の地点$O(0, 0)$にゆうじ君, 地点$A(21, 0)$にりゅうのすけ君が立っている。ゆうじ君からの距離が20m, りゅうのすけ君からの距離が13mの地点Pにえりさんが立っているとき, えりさんがいる地点Pの座標を求めよ。ただし, 点Pのy座標は正とする。

$P(x, y)(y>0)$とし, PからOAに下ろした垂線とOAとの交点をHとする。

△OPHで三平方の定理より,

　　　$x^2+y^2=20^2$　　　　…①

△APHで三平方の定理より,

　　　$(21-x)^2+y^2=13^2$　　…②

①-②より,

　　　　　$x^2-(21-x)^2=231$

　　　$x^2-(441-42x+x^2)=231$

　　　　　　　　　　$42x=231+441$

　　　　　　　　　　$42x=672$

　　　　　　　　　　　$x=16$

①より,

　　　$y^2=20^2-16^2=(20+16)(20-16)=36\cdot4=12^2$

$y>0$より,

　　　$y=12$

よって,

　　　$P(16, 12)$ 答

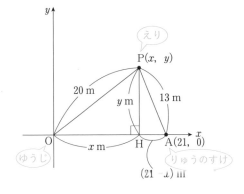

1 平らな広場の地点Oを原点として，東の方向をx軸の正の向き，北の方向をy軸の正の向き，真上の方向をz軸の正の向きとする座標空間を考える。また，1mを1の長さとする。

地点Oから西に2m，北に3m進み，真上に5m上がった位置にある点の座標を求めよ。

西に2mより，x軸の負の向きに2，
北に3mより，y軸の正の向きに3，
真上に5mより，z軸の正の向きに5進んだ点より，
$(-2, 3, 5)$ 答

2 (1) 原点とA$(3, -4, 5)$の距離を求めよ。

$$\begin{aligned}
\text{OA} &= \sqrt{(3-0)^2+(-4-0)^2+(5-0)^2} \\
&= \sqrt{9+16+25} \\
&= \sqrt{50} \\
&= 5\sqrt{2} \quad \text{答}
\end{aligned}$$

(2) 座標空間における2点A$(-3, 2, 5)$，B$(0, 4, -1)$間の距離ABを求めよ。

$$\begin{aligned}
\text{AB} &= \sqrt{\{0-(-3)\}^2+(4-2)^2+(-1-5)^2} \\
&= \sqrt{9+4+36} \\
&= \sqrt{49} \\
&= 7 \quad \text{答}
\end{aligned}$$

$\text{AB}=\sqrt{(x座標の差)^2+(y座標の差)^2+(z座標の差)^2}$

CHALLENGE 座標空間において，A$(4, 3, 0)$，B$(4, 5, -2)$，C$(2, 3, -2)$を頂点とする三角形は正三角形であることを示せ。

$$\begin{aligned}
\text{AB} &= \sqrt{(4-4)^2+(5-3)^2+(-2-0)^2} \\
&= \sqrt{8} \\
&= 2\sqrt{2} \\
\text{BC} &= \sqrt{(2-4)^2+(3-5)^2+\{-2-(-2)\}^2} \\
&= \sqrt{8} \\
&= 2\sqrt{2} \\
\text{CA} &= \sqrt{(4-2)^2+(3-3)^2+\{0-(-2)\}^2} \\
&= \sqrt{8} \\
&= 2\sqrt{2}
\end{aligned}$$

よって，AB＝BC＝CAであるから，三角形ABCは正三角形である。 答

A$(4, 3, 0)$
$2\sqrt{2}$
$2\sqrt{2}$
C$(2, 3, -2)$
$2\sqrt{2}$
B$(4, 5, -2)$

$\boxed{1}$ (1) ① 2個　② 20個

(2) ① 48通り　② 36通り

(3) 120通り

(4) 30通り

(5) 35通り

$\boxed{2}$ (1) ① $\dfrac{1}{5}$　② $\dfrac{3}{5}$

(2) $\dfrac{7}{10}$

(3) $\dfrac{2}{5}$

(4) 2回

$\boxed{3}$ (1) BM＝3, AG＝4

(2) CP＝6

(3) $x=105°$, $y=120°$

(4) 75°

(5) 2

$\boxed{4}$ (1) 23

(2) $(x, y)=(4k-1, -3k+1)$　(kは整数)

(3) $1000011_{(2)}$

$\boxed{1}$

(1)① 50以下の自然数のうち,

　　　　4の倍数の集合をA,

　　　　5の倍数の集合をB

とすると,

　　　　4の倍数かつ5の倍数の集合

は20の倍数の集合で, $A \cap B$で表される。

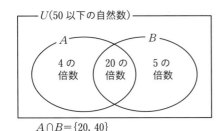

$A \cap B=\{20, 40\}$

であるから, 求める個数は,

　　　　$n(A \cap B)=2$(個) 答(3点)

② $A=\{4 \cdot 1, 4 \cdot 2, \cdots\cdots, 4 \cdot 12\}$であるから,

　　　　$n(A)=12$

　　$B=\{5 \cdot 1, 5 \cdot 2, \cdots\cdots, 5 \cdot 10\}$であるから,

　　　　$n(B)=10$

　　4の倍数または5の倍数の集合は$A \cup B$で表されるから, 求める個数は,

　　　　$n(A \cup B)=n(A)+n(B)-n(A \cap B)$

　　　　　　　　　　$=12+10-2$

　　　　　　　　　　$=20$(個) 答(5点) ➡02講

(2)① 子ども2人をひとまとめにして考えると, 大人3人と子ども1組の並べ方は4!通りである。

　　また, ひとまとめにした子ども2人の並べ方は2!通りである。

　　よって, 求める並べ方の総数は, 積の法則より,

　　　　$4! \times 2!=48$(通り) 答(4点)

② 両端の大人2人の並べ方は, $_3P_2$通りである。

　　また, 残り3人の並べ方は, 3!通りである。

　　よって, 求める並べ方の総数は, 積の法則より,

　　　　$_3P_2 \times 3!=36$(通り) 答(4点) ➡06講

(3) 6人が円形のテーブルのまわりに座るとき, 座り方は, 異なる6個のものの円順列であるから,

　　　　$(6-1)!=5!=120$(通り) 答(4点) ➡08講

(4) 男子5人から3人を選ぶ選び方は, $_5C_3$通りである。

　　女子3人から2人を選ぶ選び方は, $_3C_2$通りである。

　　よって, 求める選び方の総数は, 積の法則より,

　　　　$_5C_3 \times _3C_2=\dfrac{5 \cdot 4 \cdot 3}{3 \cdot 2 \cdot 1} \times \dfrac{3 \cdot 2}{2 \cdot 1}=30$(通り) 答

　　　　　　　　　　　　　　　　　　(5点) ➡11講

(5) AからBへ行く最短経路は, →を4個, ↑を3個並べる並べ方の総数と同数より,

　　　　$\dfrac{7!}{4!3!}=\dfrac{7 \cdot 6 \cdot 5 \cdot 4 \cdot 3 \cdot 2 \cdot 1}{4 \cdot 3 \cdot 2 \cdot 1 \cdot 3 \cdot 2 \cdot 1}$

　　　　　　　$=35$(通り) 答(5点) ➡13講

$\boxed{2}$

(1) 6個から3個を同時に取り出す取り出し方は

　　　　$_6C_3$通り

① 赤玉4個から3個を同時に取り出す取り出し方は

$_4C_3$ 通り

よって，求める確率は，

$$\frac{_4C_3}{_6C_3}=\frac{4}{20}=\frac{1}{5}\quad\boxed{答}(4点)$$

② 赤玉2個，白玉1個を取り出す取り出し方は，

$_4C_2\times{}_2C_1$ 通り

よって，求める確率は，

$$\frac{_4C_2\times{}_2C_1}{_6C_3}=\frac{6\times2}{20}=\frac{3}{5}\quad\boxed{答}(4点)\;\text{→17講}$$

(2) 「3の倍数のカードを引く」事象をAとすると，事象Aが起こる確率は，

$$P(A)=\frac{3}{10}$$

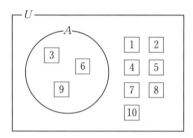

「3の倍数でないカードを引く」事象は，事象Aの余事象$\overline{A}$であるから，

$$P(\overline{A})=1-P(A)=1-\frac{3}{10}$$

$$=\frac{7}{10}\quad\boxed{答}(6点)\;\text{→19講}$$

(3) 9枚の中から1枚引くとき，「白いカードを引く」事象をA，「3の倍数であるカードを引く」事象をBとする。

	B		$\overline{B}$		
A	3	9	1	5	7
$\overline{A}$		6	2	4	8

$n(A)=5,\ n(A\cap B)=2$

であるから，求める確率は，

$$P_A(B)=\frac{n(A\cap B)}{n(A)}=\frac{2}{5}\quad\boxed{答}(6点)\;\text{→22講}$$

別解

$$P(A)=\frac{5}{9},\ P(A\cap B)=\frac{2}{9}$$

であるから，求める確率は，

$$P_A(B)=\frac{P(A\cap B)}{P(A)}=\frac{\dfrac{2}{9}}{\dfrac{5}{9}}=\frac{2}{5}$$

(4) 1枚の硬貨を1回投げるとき，表が出る確率は$\dfrac{1}{2}$，裏が出る確率も$\dfrac{1}{2}$である。

表が出た回数が0である確率は，

$$\left(\frac{1}{2}\right)^4=\frac{1}{16}$$

表が出た回数が1である確率は，

$$\frac{4!}{3!}\times\left(\frac{1}{2}\right)\left(\frac{1}{2}\right)^3=\frac{4}{16}\left(\substack{\text{表が出た回数が1}\\\text{である確率に2点}}\right)$$

表が出た回数が2である確率は，

$$\frac{4!}{2!2!}\times\left(\frac{1}{2}\right)^2\left(\frac{1}{2}\right)^2=\frac{6}{16}\left(\substack{\text{表が出た回数が2}\\\text{である確率に2点}}\right)$$

表が出た回数が3である確率は，

$$\frac{4!}{3!}\times\left(\frac{1}{2}\right)^3\left(\frac{1}{2}\right)=\frac{4}{16}\left(\substack{\text{表が出た回数が3}\\\text{である確率に2点}}\right)$$

表が出た回数が4である確率は，

$$\left(\frac{1}{2}\right)^4=\frac{1}{16}\left(\substack{\text{表が出た回数が4}\\\text{である確率に2点}}\right)$$

表が出た回数	0	1	2	3	4	計
確率	$\dfrac{1}{16}$	$\dfrac{4}{16}$	$\dfrac{6}{16}$	$\dfrac{4}{16}$	$\dfrac{1}{16}$	1

よって，求める期待値は，

$$0\times\frac{1}{16}+1\times\frac{4}{16}+2\times\frac{6}{16}+3\times\frac{4}{16}+4\times\frac{1}{16}$$

$$=2(回)\quad\boxed{答}(期待値に2点)\;\text{→24講}$$

3
(1) Gは重心より，

AG：GM＝2：1であるから，

AG：2＝2：1

AG＝4　$\boxed{答}(3点)$

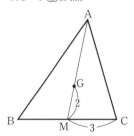

MはBCの中点であるから，

BM＝CM＝3　$\boxed{答}(3点)$　→32講

(2)

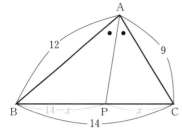

CP＝xとおくと，BP＝$14-x$となる。

APは∠Aの二等分線であるから，

$$AB：AC＝BP：PC$$
$$12：9＝(14-x)：x$$
$$4：3＝(14-x)：x$$
$$4x＝3(14-x)$$
$$7x＝3×14$$
$$x＝6$$

よって，

CP＝6 [答]（4点）➡34講

別解

APは∠Aの二等分線であるから，

$$BP：PC＝AB：AC$$
$$＝12：9$$
$$＝4：3$$

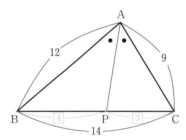

よって，

$$CP＝14×\frac{3}{4＋3}＝6$$

(3) 四角形ABCDは円に内接するから，

$$x＋75°＝180°$$
$$x＝105°$$ [答]（3点）

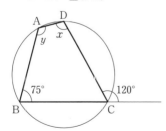

1つの内角は，それに向かい合う内角の隣にある外角に等しいので，

$$y＝120°$$ [答]（3点）➡36講

(4) △ACDにおいて，内角と外角の関係より，

$$∠CAT＝∠ACD＋∠ADC$$
$$＝35°＋40°$$
$$＝75°$$

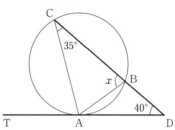

接線と弦のつくる角の性質より，

$$x＝∠ABC＝∠CAT＝75°$$ [答]（4点）➡38講

(5) Oは円の中心より，

$$CO＝DO＝2$$

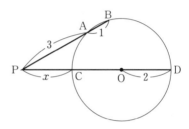

方べきの定理より，

$$PC×PD＝PA×PB$$
$$x×(x＋4)＝3×4$$
$$x^2＋4x-12＝0$$
$$(x＋6)(x-2)＝0$$

$x＞0$より，

$$x＝2$$ [答]（4点）➡39講

4

(1) xとyの最大公約数を$GCD(x, y)$と表すことにする。

$391＝299・1＋92$より，

$$\underline{GCD(391, 299)＝GCD(299, 92)}$$
$$\left(\begin{array}{l}GCD(391, 299)＝GCD(299, 92)\\ \text{に1点}\end{array}\right)$$

$299＝92・3＋23$より，

$$\underline{GCD(299, 92)＝GCD(92, 23)}$$
$$\left(\begin{array}{l}GCD(299, 92)＝GCD(92, 23)\\ \text{に1点}\end{array}\right)$$

$92＝23・4$より， $\left(\begin{array}{l}GCD(92, 23)＝23\\ \text{に1点}\end{array}\right)$

$$\underline{GCD(92, 23)＝23}$$

よって，391と299の最大公約数は，

$$\underline{23}$$ [答]

（391と299の最大公約数に2点）➡49講

(2)　$\underline{(x, y)＝(-1, 1)}$ $\left(\begin{array}{l}3x＋4y＝1\text{の解を}\\ 1\text{組見つけて2点}\end{array}\right)$

　は

$$3x＋4y＝1 \qquad …①$$

の解であり,

$$3 \cdot (-1) + 4 \cdot 1 = 1 \quad \cdots ②$$

①−②より,

$$
\begin{array}{r}
3x \quad\ +4y =1 \\
-)\ \ 3\cdot(-1)+4\cdot1=1 \\
\hline
3(x+1)+4(y-1)=0
\end{array}
$$

$$\underline{3(x+1)=-4(y-1) \quad \cdots ③}$$

$$\left(\begin{array}{l} aX=bY \text{の形を} \\ \text{導いて2点} \end{array}\right)$$

3と4は互いに素であるから,kを整数として,

$$x+1=4k$$

③より,

$$3 \cdot 4k = -4(y-1)$$

$$y-1=-3k$$

よって,求める整数解は,

$$\underline{(x, y) = (4k-1, -3k+1) \quad (k \text{は整数})}\ \boxed{答}$$

$$\left(\begin{array}{l} \text{整数解をすべて} \\ \text{求めて4点} \end{array}\right)\ \rightarrow\boxed{51\text{講}}$$

(3)

$$
\begin{array}{rl}
2\,)67 & \text{余り} \\
2\,)33 & \cdots\ 1 \\
2\,)16 & \cdots\ 1 \\
2\,)\ 8 & \cdots\ 0 \\
2\,)\ 4 & \cdots\ 0 \\
2\,)\ 2 & \cdots\ 0 \\
2\,)\ 1 & \cdots\ 0 \\
0 & \cdots\ 1 \\
\end{array}
$$

より,

$$67 = 1000011_{(2)}\ \boxed{答}(3\text{点})\ \rightarrow\boxed{53\text{講}}$$